GB/T 37277—2018《审批服务便民化工作指南》理解与实施

浙江省市场监督管理局
全国行政审批标准化工作组 ◎编著

中国质量标准出版传媒有限公司
中 国 标 准 出 版 社

北 京

图书在版编目（CIP）数据

GB/T 37277—2018《审批服务便民化工作指南》理解与实施/浙江省市场监督管理局，全国行政审批标准化工作组编著．—北京：中国标准出版社，2019.9
ISBN 978-7-5066-9463-6

Ⅰ.①G… Ⅱ.①浙… ②全… Ⅲ.①行政管理—审批制度—国家标准—中国 Ⅳ.①D63-65

中国版本图书馆 CIP 数据核字（2019）第 160559 号

中国质量标准出版传媒有限公司
中　国　标　准　出　版　社　出版发行
北京市朝阳区和平里西街甲 2 号（100029）
北京市西城区三里河北街 16 号（100045）
网址：www.spc.net.cn
总编室：（010）68533533　发行中心：（010）51780238
读者服务部：（010）68523946
中国标准出版社秦皇岛印刷厂印刷
各地新华书店经销
*
开本 787×1092　1/16　印张 11.25　字数 197 千字
2019 年 9 月第一版　　2019 年 9 月第一次印刷
*
定价　40.00　元

编著委员会

顾　　问　陈振华　巫小波　田　俊　金文明　王新亮

主　　编　张　欢

副 主 编　刘　辉　陈蕴韵　裘丹娜

编著人员　王　瑾　冯曹冲　叶海云　张晓燕

张英姿　张孛媛　洪寒月　郭正玮

袁　琮　贾　佳　强　劲　汤知源

前　言

标准是国家治理体系和治理能力现代化的重要技术保障，也是推动治理体系和治理能力现代化的重要工具。浙江省一直以来高度重视标准化工作，2006年7月，时任浙江省委书记的习近平同志就高瞻远瞩地指出：加强标准化工作、实施标准化战略，是一项重要和紧迫的任务，对经济社会发展具有长远的意义。此后，浙江省历届省委省政府都高度重视实施标准化战略，充分发挥标准的规制和引领作用，确保浙江省改革开放和各项社会事业始终走在全国前列。

党的十八大以来，我国全面深化行政审批制度“放管服”改革，全国各地呈现出一派改革创新的生动局面。“最多跑一次”改革是浙江省在深入学习贯彻习近平总书记全面深化改革重要思想基础上，对照“八八战略”中“进一步发挥浙江的体制机制优势”要求，创造性地提出的一项关乎全局的改革举措。它涉及政府治理、公共管理、地方政府创新等各领域工作，对准发展所需、基层所盼、民心所向，是浙江省落实中央全面深化改革部署的重要创新实践，也是浙江省将改革向纵深推进的一块金字招牌。“最多跑一次”改革的成功实践，有力推动了实践基础上的理论创新。在推进“最多跑一次”改革进程中，从顶层设计到改革推进，从试点示范到经验总结提升，都有标准化工作的“身影”。从“最多跑一次”改革伊始，我们以群众和企业的获得感为目标，注重科学性、有效性以及适用性的有机结合，不断完善横向到底、纵向到边的“最多跑一次”标准体系。通过地方标准的制定实施，有效实现浙江省政务服务要素配置均等化、服务质量目标化、服务方法规范化、服务提供程序化。

为了让更多的好经验形成标准，让更多的好标准走向全国，2019年4月1日，以浙江省“最多跑一次”改革成果和各地改革经验为基础编制的GB/T 37277—2018《审批服务便民化工作指南》正式实施。其中，通过尽可能减少政府对资源的直接配置，清理出更多“不用跑”的事项，有效地确保群众和企业在政府有限的人员编制和服务资源内实现“跑一次”，为供给侧结构性改革“三去一降一补”等提供了解决方案；以群众眼中的“一件事”为中心的单一目标指引，通过“前台综合受理、后台分类审批、综合窗口出件”工作模式实现受办分离，不仅实现“部门专窗”到“综合窗口”的物理整合，更促使条块分割的政府职能体系悄然发生质变；通过深入简化审批流程，推进了权力结构与运行机制的进一步优化。

希望通过本书的出版，可以对 GB/T 37277—2018 进行深入的、详细的解读，更深层次、更高水平地推进全国行政审批制度改革，进一步帮助全国提升行政审批和公共服务事项的便民化水平，使各地好的经验在全国得到更好的复制和推广。开卷有益，愿本书能成为广大审批服务部门快速掌握“审批服务便民化”要领的工具书和指引针。

编著者

2019 年 8 月

目　录

第一章　概　况

第一节　我国审批服务便民化的现状

随着社会的飞速发展，许多国家开始审视政务服务质量对行政相对人办事产生的深远影响。在社会压力、财政压力、经济全球化压力下，发达国家普遍把提升政务服务效能放在十分重要的地位，并把标准化理念与发展政务服务有机结合起来，一站式服务机构和政府门户网站设计都体现了“以公民为中心”理念，并把政务服务成果与发展电子政务有机结合起来。党的十八大以来，地方各级党委和政府认真贯彻党中央的决策部署，切实践行以人民为中心的发展思想，聚焦企业和群众反映突出的办事难、办事慢，多头跑、来回跑等问题，扎实推进简政放权、放管结合、优化服务改革，探索了许多行之有效的措施办法，在方便企业和群众办事创业、有效降低制度性交易成本、加快转变政府职能和工作作风、提升政府治理能力和水平等方面取得明显成效。

一、浙江省“最多跑一次”经验做法

浙江省顺应新时代发展要求、回应人民群众期盼，在“四张清单一张网”改革基础上，推行“最多跑一次”改革。“最多跑一次”事项覆盖率2017年年底达到80％，2018年年底达到100％（除法律、法规明确要求之外），基本实现“最多跑一次是原则、跑多次为例外”，使人民群众得到了实实在在的获得感、幸福感、安全感。

一是推行“一窗受理、集成服务”。将各个部门在行政服务中心分散设置的服务窗口整合为综合受理窗口，建立“前台综合受理、后台分类审批、综合窗

口出件”的全新工作模式，实现受理与办理相分离、办理与监督评价相分离。按照整体政府理念，以“一窗受理”为切入点，倒逼部门衔接管理制度、整合办事流程，推进部门协同作战、集成服务，推动群众办事从“找部门”向“找政府”转变。

二是梳理公布“最多跑一次”事项。以为人民群众办好“一件事”为标准，以权力清单、公共服务事项清单为基础，全面梳理群众和企业到政府办事事项，按照事项名称、申请材料、办事流程和办理时限等“八统一”的要求，由省级各职能主管部门分别制定《群众和企业到政府办事事项主项和子项两级指导目录》，梳理制定全省统一规范的办事指南，建立动态调整机制。

三是推进便民服务、投资审批、市场准入等重点领域改革。推进不动产交易登记全流程“最多跑一次”。实行居民身份证、驾驶证、出入境证件等异地可办。以身份证为唯一标识推进便民服务类事项“一证通办”。积极推广“掌上办、移动办、浙里办”。推行全省社保信息和参保证明在线查询、全省就医一卡通和诊间结算。制定《各级各部门需要群众（企业）提供的证明事项目录》，推行“目录之外无证明”。建设投资项目在线审批监管平台 2.0 版，推动投资项目 100%应用平台、项目单位 100%网上申报、政府部门 100%网上审批、电子批文 100%回传至在线平台、100%在线归档。推进区域环境影响评价（区域环评）、区域能源技术评价（区域能评），建设、人防、消防施工图“多审合一”，建筑工程“竣工测验合一”。推进企业投资项目承诺制改革和国有土地出让“标准地”改革。推行外贸、餐饮、住宿等 20 个领域“证照联办”和 12 个事项“多证合一、一照一码”等改革。对住所登记、经营范围登记和章程审查等工商登记重点环节，实行便利化改革。

四是建立“12345”统一政务咨询投诉举报平台。以设区的市为单位，除 110、120、119 等紧急类热线以外，将各部门非紧急类政务热线以及网上信箱等网络渠道整合，纳入“12345”统一政务咨询投诉举报平台统一管理，建立“统一接收、及时分流、按责转办、限时办结、统一督办、评价反馈、行政问责”的运行机制。

五是推进“最多跑一次”改革向事中事后监管延伸。建立综合行政执法局，集中行使基层专业技术要求不高的行政执法权，构建“部门专业执法＋综合行政执法”的行政执法体系。全面推行“双随机、一公开”监管。构建覆盖企业、自然人、社会组织、事业单位和政府机构 5 类主体的公共信用评价、信用综合监管、信用联合奖惩3大信用监管体系。乡镇（街道）整合形成综治工作、市场监管、综合执法、便民服务4个功能性平台，承接“最多跑一次”改革在基层落地。

六是打破信息孤岛实现数据共享。加强“互联网＋政务服务”顶层设计，运用系统工程方法论建设全省统一的政务服务网。加强一窗受理系统、部门业务办理系统、交换与共享系统3个审批服务子系统建设。按照“受办分离”改革要求，各地各部门受理群众办事申请，不论是网上办，还是在政务大厅办，都要先进入一窗受理云平台，再转到各部门业务系统办理。

二、江苏省“不见面审批”经验做法

江苏省坚持问题导向，在完成省市县“三级四同”标准化权力清单基础上，全面推进“不见面审批”改革，推动形成“网上办、集中批、联合审、区域评、代办制、不见面”的办事模式，构建“不见面审批＋强化监管服务＋综合行政执法”新型管理体系，着力优化营商环境，切实增强企业和群众的改革获得感。

一是“网上办”。将65个省直部门和所有市县的政务网整合成全省统一的政务服务网，实现政务服务信息系统互联互通。2017年6月，江苏政务服务网正式上线运行，实现了省市县三级审批（服务）事项应上尽上。截至2017年年底，省市县三级行政机关大部分审批服务事项都已经实现网上办理，变“面对面”为“键对键”。

二是“集中批”。按照“撤一建一”的原则，全省共有5个设区的市、17个县（市、区）、27个开发区成立了行政审批局，将市场准入、投资建设、复杂民生办事等领域的行政许可权划转至行政审批局行使，变多个主体批为一个主体批，实行“一枚印章管审批”。大力推行“3550”改革，即“3个工作日内开办企业、5个工作日内获得不动产登记、50个工作日内取得工业建设项目施工许可证”，打通投资建设领域审批中的“堵点”，解决群众不动产登记的“痛点”，最大限度地利企便民，着力打造国际先进水平的营商环境。

三是“联合审”。在全省推广“五联合一简化”“多评合一”“网上联合审图”经验做法，大力推动可研报告、节能评估报告、社会稳定风险评估报告“三书合一”，变“接力跑”为“齐步走”，报告编制时间压缩三分之二，支出费用减少60％。积极推动网上联合审图、电子踏勘等，实现“多图联审”的材料网上递转、网上审图、网上反馈、网上查询，全面开启了“线上受理、联合审图、集成服务、综合监管”的不见面审图新模式。

四是“区域评”。出台《以“区域能评、环评＋区块能耗、环境标准”取代能评环评工作机制试点工作的方案》，在环评、能评、安全评价（安评）等方面，探索开展区域评估，取代区域内每个独立项目的重复评价，变“独立评”为“集中评”。在开发区统一编制地质灾害危险性评估、社会稳定风险评估、地下水水质监测等区域性评估报告，评估结果开发区内项目全部共享使用，通过政府买单、企业共享，节约了项目落地时间，减轻了企业负担。

五是“代办制”。在全省开发区、高新区、乡镇（街道）率先推行企业投资建设项目全程代办制度，提供“店小二”式专业化服务，由各地公布代办事项目录，组建专业化代办队伍，为企业提供无偿帮办服务，变“企业办”为“政府办”。

六是“不见面”。积极推行审批结果“两微一端”推送、快递送达、代办送达等服务模式。江苏邮政 EMS 快递服务已进驻全省 121 个政务服务中心，实现省市县三级政务服务中心全覆盖，变“少跑腿”为“不跑腿”。截至 2017 年年底，全省各级政务服务中心寄送审批结果 185 万件。

三、上海市优化营商环境经验做法

上海市按照使市场在资源配置中起决定性作用和更好发挥政府作用的要求，持续加大营商环境改革力度，制定出台行动方案及十大专项行动计划，进一步深化“放管服”改革，持续优化营商环境，充分激发市场活力和社会创造力。

一是以“证照分离”改革试点为核心，着力打造宽松平等的市场准入环境。坚持“把该放的权放得更彻底、更到位”，不断深化“证照分离”改革试点，率先对 116 项审批事项进行分类改革，按照改革后的管理方式发放审批证件 9 万余件，将 75 项改革举措复制推广至全市，企业办事更加便捷高效，市场活力得到充分释放。持续加大行政审批等清理力度，最大限度地减少政府对微观经济活动的干预，2013 年以来取消调整行政审批等 1941 项、评估评审 341 项。稳步推进商事制度改革，率先开展企业名称登记改革试点，在全市实施企业简易注销登记改革，首创工业产品生产许可证“一企一证”改革。

二是以自由贸易试验区先行先试为引领，着力打造开放便利的投资贸易环境。对标国际最高标准、最好水平，在自由贸易试验区积极探索以“准入前国民待遇＋负面清单”为核心的投资管理制度，建立符合高标准贸易便利化规则的贸易监管制度，建成覆盖9大功能板块、贯通23个口岸和贸易监管部门的国际贸易单一窗口。持续推进投资体制改革，进一步落实企业投资自主权，将不涉及国家规定实施准入特别管理措施的外商投资企业设立及变更备案事项全部下放，提高投资准入环节的便利程度。采取强化基础、提前介入、告知承诺、同步审批、会议协调、限时办结等举措，进一步优化产业项目审批流程，加快产业项目落地速度。

三是以“互联网＋监管”新模式为突破，着力打造规范审慎的政府监管环境。按照“该管的要管得更科学、更高效”的要求，利用物联网、射频识别等信息技术，推进实施智能化监管，促进监管方式由传统模式向智能化、精准化转变。建立完善“两库一细则”，全面推行“双随机、一公开”监管，及时向社会公布抽查情况及查处结果。对67个行业、领域、市场探索实施诚信管理、分类监管、风险监管、联合惩戒、社会监督“五位一体”事中事后监管。发布包含225个新兴行业的新兴行业分类指导目录，对新产业、新业态、新模式等积极探索包容审慎监管，让监管更加行之有效，使市场活而不乱。

四是以“三个一批”改革为抓手，着力打造高效便捷的政务服务环境。紧紧围绕“服务要更精准、更贴心”，当好服务企业的“店小二”，开展当场办结、提前服务、当年落地“三个一批”改革，已在全市范围内对329项事项实施当场办结2000余万件，对19项事项实施提前服务9万余件，推动1425个项目实现当年落地。从政府管理入手全面推开政府效能建设，开展政府效能评估，对第一批90项事项实施行政协助。对保留的行政审批全面实施标准化管理，推进窗口服务规范化建设，不断提升网上办事服务水平，对205项事项实施网上预审当场受理或当场发证，每年通过网上预审当场受理60万余件、当场发证20万余件。

四、湖北省武汉市“马上办网上办一次办”经验做法

湖北省武汉市秉承以人民为中心的发展思想，坚持集成、智能、共享理念，深入实施审批服务“马上办网上办一次办”改革，积极营造高效、便捷、公开、透明的政务环境，努力打造全国审批服务最优的城市。

一是坚持需求导向，构建审批服务新模式。从企业和群众办事角度、服务需求出发，打造透明高效便捷的综合审批服务，切实解决企业和群众反映最强烈的办事难、办事慢、办事繁问题。将需要企业和群众“跑腿”的行政权力和政务服务事项，分类编制市、区、街道（乡镇）三级 9653 项“三办”事项清单，明确“马上办”事项 4820 项、“网上办”4306 项、“一次办”7745 项。出台行政审批事项服务指南编写规范、行政审批和政务服务事项通用目录，在全市推行同标准、无差别的标准化审批服务。按照“一事项一标准、一子项一编码、一流程一规范”的要求，对“三办”事项逐项编制标准化的办事指南和一次性告知书，通过政府网站、宣传手册等形式向社会公开。建立“三办”事项清单动态调整机制，不断扩大审批服务“三办”覆盖面，推动“一次办”向“马上办”、“马上办”向“网上办”、“网上办”向“不用办”迈进，不断扩大“零跑腿”事项范围。

二是力推集成服务，开辟提能增效新路径。以办好“一件事”为标准，推进机构、流程、信息“三个集成”，实现“进一个门、跑一个窗、上一个网”办理所有审批服务事项。市级审批主管部门全部设立行政审批处，15 个区全部组建行政审批局，推进审批职责、机构、人员“三个全集中”，审批服务实现从物理集中向功能集成转变，实行“一个机构、一个窗口、一枚印章”管审批。按照一个流程办好“一件事”的标准，试行情景式审批。市、区政务服务中心综合设置审批服务窗口，构建前台一口受理、后台分类审批、限时办结出件、全程电子监察的闭环运行机制。打通投资审批绿色通道、不动产登记提速通道、证照数据共享通道、审批系统融合通道。市级审批服务办理时限平均每个事项压缩 10.6 天，申报材料平均减少 0.87 份。按照网上办事是常态、网下办事是例外的要求，优先推行“网上办”，构建全市统一的身份认证系统、统一的政府大数据中心。“云端武汉·政务服务大厅”已覆盖 15 个区政务服务大厅、171 个街镇政务服务中心，全市审批服务一个数据库、一朵政务云、一张政务服务网基本实现。

三是聚力改革创新，激活审批提速新动能。聚焦重点、难点和焦点问题，开展联合攻关，重点突破，打通企业和群众办事“最后一公里”。围绕服务招商引资，打造产业项目、政府投资、土地供应“三个绿色通道”，优化工业投资、政府投资、企业投资审批“三张流程图”，推行分段审、分时批工作机制。深化行政审批中介服务治理，建立涉审中介服务事项、收费、机构“三张清单”，市级审批中介服务事项由77项减为41项。开展“红顶中介”专项检查，实行中介机构服务质量星级评价。建立全市统一开放的行政审批服务机构名录库和网上服务平台，打造审批“中介超市”，实现“零门槛、零限制”入驻。鼓励各区、各部门推出各具特色的改革措施，涌现了网上警局、电子证照包、市民一卡通、工商登记二十八证合一、智慧办税、全程免费代办帮办、“5+2”错时延时服务等创新措施，通过亮点示范，整体提升政务服务水平。

五、天津市滨海新区“一枚印章管审批”经验做法

天津市滨海新区围绕“审批服务便利化、权力运行规范化”，不断推动体制机制创新，将分散在各部门的行政审批职能进行整合，全部划转到新组建的行政审批局，实行“一枚印章管审批”，切实提高审批服务效能的同时，倒逼各部门转变职能，将工作重心向强化事中事后监管转移，推动形成宽进严管工作新格局。

一是整合审批机构和职责。将新区政府18个部门的216项行政审批职能进行整合，全部划入行政审批局，废止了各部门的109枚审批印章，审批人员由600人减至109人。原来需要跑多个部门重复报批的事项，变成一个主体审批、一个窗口办理，减少了重复的审查环节和申报材料，实现审批服务由“物理集中”向“化学整合”转变。

二是优化审批服务流程。推行“一口受理、接办分离”改革。建立统一的受理中心，集中受理行政审批局办理的全部事项，变多类别分设的单项窗口为全项受理的综合窗口。推行企业设立“一窗登记、一号受理、一网通办”，落实“五证合一”“一照一码一章一票一备案”一天办结，再造建设项目联合审批流程，打破“马路警察、各管一段”的传统审批运行模式，对所有行政审批事项进行了要件梳理，简化不必要的审批环节和审批条件，使关联事项紧密连接、协同办理，实现了全链条、闭合式、整体性“车间式流水线”审批，大幅提高审批服务效率，平均办结时间仅为改革前的四分之一。

三是开展标准化审批服务。以操作规程总则为指导，按照“一事项一标准、一流程一规范”原则，全面推进行政审批标准化，完善审批事项标准化操作规程，对审批要件和审批流程、审查标准、审批时限进行规范和细化，将审批标准固化在审批流程中，让审批行为留痕在固定轨道上，推进依法依规审批。按

照一窗受理、内部流转、限时办结、统一发证的思路，编制工作手册和办事指南。组建帮办服务队伍，通过政府买单、无偿帮办的方式，全程、全面、全时高效地为企业设立和项目审批提供方便快捷的服务。推行行政审批非主审要件容缺后补制度，高效方便企业和群众办理审批服务事项。

四是完善审管衔接机制。研究制定《关于加强行政审批与事后监管协调联动工作的实施意见》，积极探索构建审批与监管协调运行审管互动信息交流、重点方面专项会商、审查员审核、观察员参与踏勘四项制度，实现了审批与监管即时衔接。建立“对应职能、即时推送、短信提醒、定期公告”的行政审批信息及结果推送制度，将办结审批事项及时发送至相应监管部门，审批结果接受行政主管部门实时监督，同时倒逼主管部门实施同步监督。推行守规承诺制，建立企业信用等级库，实行一张审批表、一份承诺书，让守信者一路畅通、失信者处处受限。建立向社会公告制度，通过审批局门户网站向社会及时公告，实现审批信息双推送的完整化。

五是强化审批服务监督。依托政府内网建立全过程留痕电子监察系统，开通服务对象外网跟踪查询功能，确保审批行为规范、协调、透明、高效。利用“制度＋科技”固化审批流程，确保从受理、审核到办结、发证全过程公开透明，避免权力寻租，实现信息可追溯，强化了后台监督。加强纪检派驻监督，开通 24 小时服务热线，实行全天候 24 小时值守，无偿为企业提供业务咨询、项目审批和投诉建议等服务，接受社会监督。

六、广东省佛山市“一门式一网式”经验做法

广东省佛山市以“互联网＋”技术为支撑，打破部门层级界限、政务藩篱和信息孤岛，变多门为一门，变多窗为一窗，实现进一个门可办各种事、上一张网可享受全程服务的“一门式一网式”政务服务新模式。

一是持续简政放权，推行就近服务。出台《佛山市权责清单监督管理办法》，实行市、区、镇（街道）三级权责清单目录管理，全市各级各部门一张清单管理，管住审批服务改革的源头。按照应放尽放、能放都放的原则，85％的许可和公共服务事项、98％的业务均下沉到基层办理。建设全覆盖的政务服务体系，市、区、镇（街道）、村（居）四级建成 787 个行政服务中心（站），全市布设 1567 台自助服务终端，把服务的门开在群众的家门口。

二是推行行政审批标准化，实现无差别审批服务。市级统筹对市区两级56个系统1828项许可和公共服务事项编制办事指南和业务手册，细化365个标准要件，同时全面应用于综合窗口、审批部门、网上办事大厅。在统一审批服务标准基础上，对综合窗口人员实行标准化培训，使之从“单项运动员”向“全能运动员”转变。同时，制定前后台流转标准、数据对接标准、物料流转流程规范、诚信总则等，推动“一门式一网式”政务服务标准化、规范化运行，减少政务服务的主观性、随意性和差异性，基本实现“认流程不认面孔、认标准不认关系”的无差别服务。

三是实行一口受理、受审分离，强化部门业务协同。将过去按部门划分的专项窗口整合成民生、公安、注册登记、许可经营、投资建设、税务6类综合窗口，推行一个综合窗口受理，群众办同一类事项不需再逐个窗口跑。综合窗口受理后，通过信息系统流转给部门审批，部门审核通过再统一反馈到综合窗口，由综合窗口发证，实现“一窗”综合政府服务。

四是加强业务协同配合，提升即办服务。出台《申请材料标准应用规范》《电子表单应用规范》，规范10460类材料，形成732个自然人表单和482个法人表单，建成电子材料库和电子表单系统。通过建立前后台对接机制、电子材料流转机制等，提高部门之间、上下级之间、前台与后台之间的协调配合。加大授权力度，简单事项由部门直接授权窗口办理，复杂事项推行电子签章和电子材料流转办理，综合窗口将材料电子化并通过系统流转给部门，部门根据电子材料作出“信任审批”，改变纸质材料流转费时费力的状况。

五是探索打破区域限制，不断拓展“同城通办”。按照标准统一、体验一致、跨界协同、运转高效的标准，进一步试点跨镇、跨区、跨市通办，减少企业和群众上下跑、两地跑的次数。实现区、镇（街道）行政服务大厅扁平化、同质化，区内任一大厅均可办理全区所有事项。同时首创广佛跨城通办，122个事项可与相邻的广州市荔湾区互办，满足“广佛候鸟”的办事需求。

六是加快数据共享，推行一网通办。探索整合电子政务职能，设立数据统筹机构。按照成本最小化、效益最大化的原则，竭力贯通系统之间的数据交换通道，变群众来回跑为部门协同办。将群众办事材料沉淀到信息系统，打造法人和自然人基础数据库，提高办事材料的复用率；将不同的业务申请表格整合到一张表，推行“一表通”，开发自助填表系统。群众办事较多的69个事项实现自助填表；将“一门式一网式”政务服务延伸到网上办事大厅、自助服务终端、12345热线，由综合窗口统一受理网厅和实体大厅的办件申请，形成网上办事为主、实体办事为辅、自助办事为补的政府服务新格局。

第二节　我国审批服务标准化的现状

党的十八大以来，国家对转变政府职能、提高行政效能和推动公共服务标准化的重视程度前所未有。2016年7月29日，由中央机构编制委员会办公室（国务院审改办）与国家标准化管理委员会共同编制的全国首个《行政许可标准化指引（2016版）》正式发布。该指引对行政许可事项管理规范、流程管理规范、服务规范、受理场所建设与管理规范、监督检查评价规范作出了规定。2016年12月20日，《国务院办公厅关于印发"互联网＋政务服务"技术体系建设指南的通知》（国办函〔2016〕108号）中，提出优化政务服务供给的信息化解决路径和操作方法，明确指出：围绕服务事项发布与受理、服务事项办理、行政职权运行、服务产品交付、服务评价等关键环节，制定相关标准规范、管理办法和制度措施。2018年5月23日，中共中央办公厅、国务院办公厅印发了《关于深入推进审批服务便民化的指导意见》中，要求"深入推进审批服务标准化"，科学细化量化审批服务标准，压减自由裁量权，完善适用规则，推进同一事项无差别受理、同标准办理。2018年7月31日，《国务院关于加快推进全国一体化在线政务服务平台建设的指导意见》（国发〔2018〕27号）中，要求"强化标准规范，推进服务事项、办事流程、数据交换等方面标准化建设""制定国家政务服务平台政务服务事项编码、统一身份认证、统一电子印章、统一电子证照等标准规范""建立政务服务平台建设管理的标准规范体系、安全保障体系和运营管理体系，为各地区和国务院有关部门政务服务平台提供公共入口、公共通道和公共支撑"。2018年1月1日正式实施的新版《中华人民共和国标准化法》中，将标准的制定范围扩大到社会事业领域，政务服务是社会事业领域的重要组成部分。作为标准化建设新领域，国家政务服务标准化体系也在分步有序、不断完善构建中。

我国政务服务标准化领域已成立全国行政审批标准化和全国政务大厅服务标准化两个工作组（SWG）。全国行政审批标准化工作组（SWG 14）由国务院审改办筹建及进行业务指导；专业范围为行政审批通用基础、条件建设、信息化建设、服务规范、监督评价等；已发布 GB/T 37277—2018《审批服务便民化工作指南》1 项国家标准，正在研制 6 项国家标准，包括《行政许可流程优化的方法与技术规范》（20190795-T-469）、《行政许可事项分类与编码》（20180980-T-469）、《行政许可审查与决定规范》（20173542-T-469）、《行政许可服务满意度测评指南》（20173808-T-469）、《行政许可申请与受理规范》（20173988-T-469）和《行政许可规范化测评指南》（20173989-T-469）。全国政务大厅服务标准化工作组（SWG 15）由山东省市场监督管理局筹建，国家标准化管理委员会进行业务指导；专业范围为政务大厅服务基础术语、标准化工作指南、服务分类，政务大厅信息服务、公共资源交易服务、权益保障服务，政务大厅组织管理与运行、服务平台建设、绩效考核等；已发布 GB/T 36112—2018《政务服务中心服务现场管理规范》、GB/T 36113—2018《政务服务中心服务投诉处置规范》和 GB/T 36114—2018《政务服务中心进驻事项服务指南编制规范》3 项国家标准；正在研制 4 项国家标准，包括《政务服务事项分类与编码规则》（20190793-T-469）、《政务服务中心服务满意度测评规范》（20190794-T-469）、《政务服务前置中介机构信用等级划分与评价规范》（20190792-T-469）和《投资项目建设审批代办服务规范》（20173807-T-469）。

一、国家标准

通过国家标准化管理委员会官网查询，当前我国已经发布实施与政务服务相关国家标准共计 53 项（见表 1），告知服务方面 1 项、网上服务方面 40 项、现场服务方面 12 项，分布情况见图 1。

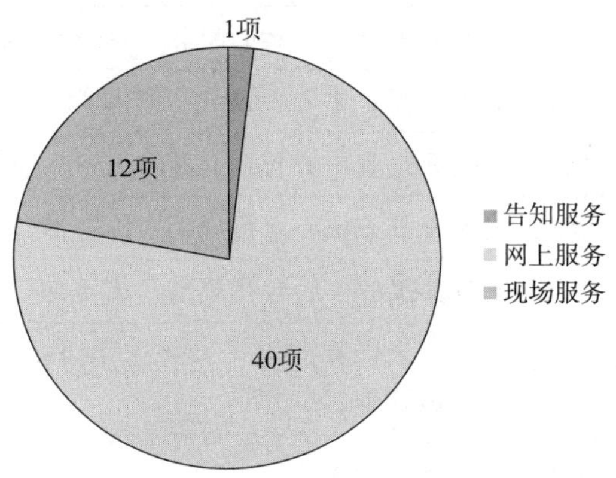

图 1 与政务服务相关国家标准分布情况

告知服务方面，已发布 GB/T 33358—2016《政府热线服务规范》1 项标准，规范了政府热线受理、办理、办结、回访、归档、信息分析和报告等内容和要求。

网上服务方面，已在信息公开、信息安全技术、政务信息资源等领域已发布《政务服务中心信息公开数据规范》《基于云计算的电子政务公共平台管理规范　第 1 部分：服务质量评估》《信息安全技术　电子政务移动办公系统安全技术规范》《政务信息资源目录体系》《电子政务数据元》《电子政务主题词表编制规则》《电子政务术语》《电子政务系统总体设计要求》等 40 项标准。

现场服务方面，已在政务服务中心、社区便民服务中心、自助服务终端等领域发布《政务服务中心服务现场管理规范》《政务服务中心进驻事项服务指南编制规范》《政务服务中心服务投诉处置规范》《政务服务中心运行规范》《自助服务终端通用规范》等 12 项标准。

表 1　与政务服务有关的国家标准

序号	标准编号	标准名称
1	GB/T 36112—2018	政务服务中心服务现场管理规范
2	GB/T 36114—2018	政务服务中心进驻事项服务指南编制规范
3	GB/T 36113—2018	政务服务中心服务投诉处置规范
4	GB/T 32617—2016	政务服务中心信息公开数据规范
5	GB/T 32619—2016	政务服务中心信息公开编码规范
6	GB/T 32618—2016	政务服务中心信息公开业务规范
7	GB/T 32168—2015	政务服务中心网上服务规范
8	GB/T 32169.1—2015	政务服务中心运行规范　第 1 部分：基本要求
9	GB/T 32169.2—2015	政务服务中心运行规范　第 2 部分：进驻要求
10	GB/T 32170.1—2015	政务服务中心标准化工作指南　第 1 部分：基本要求
11	GB/T 32170.2—2015	政务服务中心标准化工作指南　第 2 部分：标准体系
12	GB/T 32169.3—2015	政务服务中心运行规范　第 3 部分：窗口服务提供要求
13	GB/T 32169.4—2015	政务服务中心运行规范　第 4 部分：窗口服务评价要求
14	GB/T 34079.3—2017	基于云计算的电子政务公共平台服务规范　第 3 部分：数据管理

表 1（续）

序号	标准编号	标准名称
15	GB/T 33780.1—2017	基于云计算的电子政务公共平台技术规范　第 1 部分：系统架构
16	GB/T 33780.3—2017	基于云计算的电子政务公共平台技术规范　第 3 部分：系统和数据接口
17	GB/T 33780.6—2017	基于云计算的电子政务公共平台技术规范　第 6 部分：服务测试
18	GB/T 34077.1—2017	基于云计算的电子政务公共平台管理规范　第 1 部分：服务质量评估
19	GB/T 34080.1—2017	基于云计算的电子政务公共平台安全规范　第 1 部分：总体要求
20	GB/T 34080.2—2017	基于云计算的电子政务公共平台安全规范　第 2 部分：信息资源安全
21	GB/T 30850.1—2014	电子政务标准化指南　第 1 部分：总则
22	GB/T 30850.2—2014	电子政务标准化指南　第 2 部分：工程管理
23	GB/T 30850.3—2014	电子政务标准化指南　第 3 部分：网络建设
24	GB/T 30850.4—2017	电子政务标准化指南　第 4 部分：信息共享
25	GB/T 30850.5—2014	电子政务标准化指南　第 5 部分：支撑技术
26	GB/T 35282—2017	信息安全技术　电子政务移动办公系统安全技术规范
27	GB/T 36619—2018	信息安全技术　政务和公益机构域名命名规范
28	GB/T 30278—2013	信息安全技术　政务计算机终端核心配置规范
29	GB/Z 24294.1—2018	信息安全技术　基于互联网电子政务信息安全实施指南　第 1 部分：总则
30	GB/Z 24294.2—2017	信息安全技术　基于互联网电子政务信息安全实施指南　第 2 部分：接入控制与安全交换
31	GB/Z 24294.3—2017	信息安全技术　基于互联网电子政务信息安全实施指南　第 3 部分：身份认证与授权管理
32	GB/Z 24294.4—2017	信息安全技术　基于互联网电子政务信息安全实施指南　第 4 部分：终端安全防护
33	GB/T 21063.1—2007	政务信息资源目录体系　第 1 部分：总体框架
34	GB/T 21063.2—2007	政务信息资源目录体系　第 2 部分：技术要求

表 1（续）

序号	标准编号	标准名称
35	GB/T 21063.3—2007	政务信息资源目录体系　第 3 部分：核心元数据
36	GB/T 21063.4—2007	政务信息资源目录体系　第 4 部分：政务信息资源分类
37	GB/T 21063.6—2007	政务信息资源目录体系　第 6 部分：技术管理要求
38	GB/T 21062.1—2007	政务信息资源交换体系　第 1 部分：总体框架
39	GB/T 21062.2—2007	政务信息资源交换体系　第 2 部分：技术要求
40	GB/T 21062.3—2007	政务信息资源交换体系　第 3 部分：数据接口规范
41	GB/T 21062.4—2007	政务信息资源交换体系　第 4 部分：技术管理要求
42	GB/T 19488.1—2004	电子政务数据元　第 1 部分：设计和管理规范
43	GB/T 19488.2—2008	电子政务数据元　第 2 部分：公共数据元目录
44	GB/T 19486—2004	电子政务主题词表编制规则
45	GB/T 25647—2010	电子政务术语
46	GB/T 36735—2018	社区便民服务中心服务规范
47	GB/Z 19669—2005	XML 在电子政务中的应用指南
48	GB/T 21061—2007	国家电子政务网络技术和运行管理规范
49	GB/T 21064—2007	电子政务系统总体设计要求
50	GB/T 19487—2004	电子政务业务流程设计方法　通用规范
51	GB/T 37277—2018	审批服务便民化工作指南
52	GB/T 33358—2016	政府热线服务规范
53	GB/T 23647—2009	自助服务终端通用规范

二、地方标准

通过国家标准化管理委员会地方标准备案管理信息系统查询，收集到与政务服务相关的地方标准 82 项（存在部分省、自治区、直辖市数据收集未全覆盖情况），见表 2，地方标准数量见图 2。

表 2 与政务服务有关的地方标准（部分）

序号	标准编号	标准名称	省、自治区、直辖市
1	DB33/T 2036.1—2017	政务办事“最多跑一次”工作规范 第 1 部分：总则	浙江
2	DB33/T 2036.2—2017	政务办事“最多跑一次”工作规范 第 2 部分：一窗受理、集成服务	浙江
3	DB33/T 2036.3—2017	政务办事“最多跑一次”工作规范 第 3 部分：政务服务网电子文件归档数据规范	浙江
4	DB33/T 2036.4—2017	政务办事“最多跑一次”工作规范 第 4 部分：服务大厅现场管理	浙江
5	DB33/T 2036.5—2019	政务办事“最多跑一次”工作规范 第 5 部分：专用标志图形、管理和使用	浙江
6	DB33/T 2036.6—2019	政务办事“最多跑一次”工作规范 第 6 部分：“双随机、一公开”监管	浙江
7	DB33/T 2036.7—2019	政务办事“最多跑一次”工作规范 第 7 部分：监督评价与改进	浙江
8	DB33/T 2067—2017	法人库数据规范	浙江
9	DB33/T 939—2014	政务通系统建设技术规范	浙江
10	DB33/T 2172—2018	企业投资工业项目“标准地”管理规范	浙江
11	DB43/T 416—2008	政府政务服务中心服务质量监督与考核评定	湖南
12	DB43/T 415—2008	政府政务服务中心管理和服务规范	湖南
13	DB51/T 1172—2010	政务服务中心服务质量规范	四川
14	DB51/T 1173—2010	政务服务中心管理规范	四川
15	DB51/T 1174—2010	政务服务中心基础设施建设规范	四川
16	DB51/T 1320—2011	政务服务中心安全与应急规范	四川
17	DB51/T 1321—2011	政务服务中心并联审批管理规范	四川
18	DB51/T 1322—2011	政务服务中心电子政务大厅建设规范	四川
19	DB51/T 1626—2013	政务服务中心 网络与信息安全	四川
20	DB51/T 1625—2013	政务服务中心 电子政务大厅数据接口规范	四川
21	DB51/T 1624—2013	政务服务中心 投诉与处置	四川

表 2（续）

序号	标准编号	标准名称	省、自治区、直辖市
22	DB51/T 1623—2013	政务服务中心　一次性告知规范	四川
23	DB51/T 1622—2013	政务服务中心　窗口工作人员轮换规范	四川
24	DB51/T 1621—2013	政务服务中心　办事指南编制规范	四川
25	DB51/T 1620—2013	政务服务中心　服务质量评价及改进	四川
26	DB51/T 1619—2013	政务服务中心　计算机及网络管理规范	四川
27	DB51/T 1617—2013	政务服务中心　工作场所环境要求	四川
28	DB51/T 1616—2013	政务服务中心　电子政务大厅运行管理规范	四川
29	DB51/T 1615—2013	政务服务中心　服务大厅标识	四川
30	DB51/T 1614—2013	四川省政务服务热线建设规范	四川
31	DB52/T 1088—2016	政务服务术语和定义	贵州
32	DB52/T 1150—2016	政务服务标准编写指南	贵州
33	DB52/T 1215—2017	政务服务中心大厅标识	贵州
34	DB37/T 3084.1—2018	政务服务工作规范　第 1 部分：行政许可	山东
35	DB37/T 1077—2008	行政（审批）服务规范	山东
36	DB35/T 1766—2018	“一趟不用跑”“最多跑一趟”政务服务规范	福建
37	DB15/T 531—2012	政务服务中心管理规范	内蒙古
38	DB15/T 530—2012	政务服务中心服务质量规范	内蒙古
39	DB15/T 529—2012	政务服务中心安全与应急规范	内蒙古
40	DB15/T 1263—2017	政务服务中心政务服务事项管理规范	内蒙古
41	DB15/T 1262—2017	政务服务中心一次性告知规范	内蒙古
42	DB15/T 1261—2017	政务服务中心微信公众平台运行服务管理规范	内蒙古
43	DB15/T 1260—2017	政务服务中心投诉处置规范	内蒙古
44	DB15/T 1259—2017	政务服务中心全职能窗口运行管理规范	内蒙古
45	DB15/T 1258—2017	政务服务中心服务对象满意度测评规范	内蒙古
46	DB15/T 1257—2017	政务服务业务手册编制规范	内蒙古
47	DB15/T 1256—2017	政务服务事项办事指南编制规范	内蒙古
48	DB15/T 1255—2017	政务服务中心窗口管理规范	内蒙古
49	DB15/T 1474—2018	行政审批事项服务指南编写规范	内蒙古

表 2（续）

序号	标准编号	标准名称	省、自治区、直辖市
50	DB15/T 1473—2018	行政审批事项审查细则编写规范	内蒙古
51	DB15/T 1472—2018	行政审批制度改革基础清单事项编码规则	内蒙古
52	DB15/T 1471—2018	行政审批制度改革基础清单编制规范	内蒙古
53	DB42/T 913—2013	政务服务中心基础设施规范	湖北
54	DB42/T 912—2013	政务服务中心服务规范	湖北
55	DB22/T 1836—2013	政务大厅政务服务考评规范	吉林
56	DB22/T 1835—2013	政务大厅电子政务服务系统建设规范	吉林
57	DB22/T 2848—2017	政务服务事项编码规则	吉林
58	DB22/T 2871.1—2018	政务服务“只跑一次”工作规范　第 1 部分：总则	吉林
59	DB22/T 2871.2—2018	政务服务“只跑一次”工作规范　第 2 部分：一窗受理、集成服务	吉林
60	DB22/T 2871.3—2018	政务服务“只跑一次”工作规范　第 3 部分：电子文件归档	吉林
61	DB22/T 2871.4—2018	政务服务“只跑一次”工作规范　第 4 部分：服务大厅现场管理	吉林
62	DB22/T 1891—2013	政务大厅行政审批服务管理规范	吉林
63	DB22/T 2248—2015	政务大厅网上审批管理规范	吉林
64	DB46/T 273—2014	政务服务中心窗口服务规范	海南
65	DB32/T 2764—2015	街道全科政务服务规范	江苏
66	DB32/T 2797—2015	政务服务管理信息化规范	江苏
67	DB32/T 2982—2016	政务服务　大厅综合绩效考核规范	江苏
68	DB32/T 2981—2016	政务服务　大厅建设规范	江苏
69	DB54/T 0090—2015	政务服务中心服务质量规范	西藏
70	DB34/T 2439—2015	政务公开与政务服务统一编码规范	安徽
71	DB34/T 2430—2015	政务服务中心便民配套服务规范	安徽
72	DB13/T 2091—2014	市县乡村四级政务服务体系建设规范	河北
73	DB13/T 1473—2011	行政（审批）服务规范	河北

表 2（续）

序号	标准编号	标准名称	省、自治区、直辖市
74	DB64/T 1164—2016	市、县（区）政务服务中心（大厅）基础设施建设规范	宁夏
75	DB64/T 1163—2016	政务服务大厅窗口服务规范	宁夏
76	DB64/T 1162—2016	政务服务大厅运行管理规范	宁夏
77	DB36/T 984—2017	政务服务网集成对接规范	江西
78	DB36/T 982—2017	网上审批系统数据接口规范	江西
79	DB31/T 1107—2018	政务服务“一网通办”电子证照库建设技术规范	上海
80	DB31/T 1106.1—2018	政务服务“一网通办”全流程一体化在线服务平台技术规范　第 1 部分：统一受理平台接入	上海
81	DB31/T 1113—2018	政务服务“一网通办”　业务规范	上海
82	DB31/T 1097—2018	行政审批中介服务指南编制指引	上海

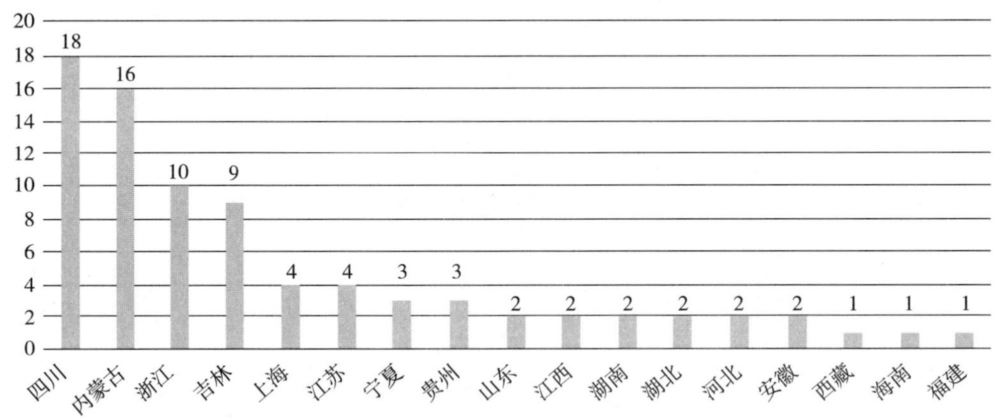

图 2　政务服务地方标准数量

其中，四川省已发布《政务服务中心电子政务大厅建设规范》《政务服务中心　网络与信息安全》《政务服务中心　窗口工作人员轮换规范》等 18 项政务服务地方标准，集中在网络安全、政务大厅建设、现场服务方面。

内蒙古自治区已发布《政务服务中心一次性告知规范》《政务服务事项办事指南编制规范》《行政审批制度改革基础清单编制规范》等 16 项政务服务地方

标准，集中在政务服务事项、窗口运行管理、办事指南方面。

浙江省已发布《政务办事“最多跑一次”工作规范》系列标准、《法人库数据规范》《政务通系统建设技术规范》等10项政务服务地方标准，集中在“最多跑一次”工作规范、服务质量方面。

吉林省已发布《政务服务“只跑一次”工作规范》系列标准、《政务大厅网上审批管理规范》《政务大厅政务服务考评规范》等9项政务服务地方标准，集中在“只跑一次”工作规范、审批管理规范方面。

上海市已发布《政务服务“一网通办”电子证照库建设技术规范》《政务服务“一网通办”全流程一体化在线服务平台技术规范 第1部分：统一受理平台接入》《政务服务“一网通办” 业务规范》《行政审批中介服务指南编制指引》4项政务服务地方标准。

江苏省已发布《街道全科政务服务规范》《政务服务管理信息化规范》《政务服务 大厅综合绩效考核规范》《政务服务 大厅建设规范》4项政务服务地方标准。

宁夏回族自治区已发布《市、县（区）政务服务中心（大厅）基础设施建设规范》《政务服务大厅窗口服务规范》《政务服务大厅运行管理规范》3项政务服务地方标准。

贵州省已发布《政务服务术语和定义》《政务服务标准编写指南》《政务服务中心大厅标识》3项政务服务地方标准。

山东省已发布《政务服务工作规范 第1部分：行政许可》《行政（审批）服务规范》2项政务服务地方标准。

江西省已发布《政务服务网集成对接规范》《网上审批系统数据接口规范》2项政务服务地方标准。

湖南省已发布《政府政务服务中心服务质量监督与考核评定》《政务服务中心管理和服务规范》2项政务服务地方标准。

湖北省已发布《政务服务中心基础设施规范》《政务服务中心服务规范》2项政务服务地方标准。

河北省已发布《市县乡村四级政务服务体系建设规范》《行政（审批）服务规范》2项政务服务地方标准。

安徽省已发布《政务公开与政务服务统一编码规范》《政务服务中心便民配套服务规范》2项政务服务地方标准。

西藏自治区已发布《政务服务中心服务质量规范》1项政务服务地方标准。

海南省已发布《政务服务中心窗口服务规范》1项政务服务地方标准。

福建省已发布《“一趟不用跑”“最多跑一趟”政务服务规范》1项政务服务地方标准。

三、团体标准

中国产学研合作促进会发布了团体标准T/CAB CSISA0003—2018《政务大厅服务第三方评估通则》，该标准于2018年7月12日发布并实施，规定了政务大厅服务第三方评估的基本要求、评估指标、评估方法和评估程序，从技术角度给出了政务大厅服务第三方评估解决方案。

第三节　制定GB/T 37277—2018《审批服务便民化工作指南》的重要意义

审批服务便民化已经在诸多方面取得重大实质性突破，显现出牵一发动全身、一子落满盘活的示范带动效应。十二届全国人大一次会议审议批准的《国务院机构改革和职能转变方案》中要求深化行政审批制度改革、加快政府职能转变，并把加强技术标准体系建设纳入基础性制度建设。《中华人民共和国国民经济和社会发展第十三个五年规划纲要》规定加快推进行政审批标准化建设，优化直接面向企业和群众服务项目的办事流程和服务标准。党的十九大报告明确指出要“转变政府职能，深化简政放权，创新监管方式，增强政府公信力和执行力，建设人民满意的服务型政府。”这都充分体现了党中央和国家领导人对标准化工作的高度重视，也表达了对“便民化政务服务”标准化工作的期盼。

标准化是审批服务便民化的脉络和准绳，是改革措施落地的重要路径，把标准化工作作为此项改革的基础工作，通过标准化工作达到“纲举目张”的效果。为了将我国各地政务服务便民化改革中成果斐然的实践经验使用标准这一知识管理的工具进行总结规范推广，切实扭转“以批代管”的制度惯性，解决权力运行的业务流和信息流整合优化、信息孤岛、多部门联办事项等横亘在办事流程中的“中梗阻”，尽快解决群众和企业到政府办事全过程一次上门或零上门，实现数据共享、打破数据孤岛，现场一窗受理、集成服务等服务要求，GB/T 37277—2018《审批服务便民化工作指南》成为政务服务领域基础、急需的标准之一。制定和实施该国家标准是审批服务便民化工作形成长效机制、发挥长效作用的重要保证，通过发布实施国家标准，认真总结全国各地政务服务改革经验，及时复制推广，客观评价改革成效，促进体制机制创新，为全面推进政府自身改革提供标准指引，进一步加快把审批服务便民化工作的实践成果转化为制度性成果。

审批服务便民化是以人民为中心，是一场从理念、制度到作风的全方位深层次变革，彰显了全面深化改革的根本价值取向。它同样是服务型政府的重要标志，是解决新时代主要矛盾，推进政府自身改革，加强国家治理能力现代化建设的必要手段。标准是国家治理体系和治理能力现代化的重要技术保障。开展 GB/T 37277—2018《审批服务便民化工作指南》国家标准编制工作的意义如下：

一是巩固和深化改革成果的必然要求。标准作为人们认知和实践经验的总结，已经成为巩固和深化审批服务便民化工作成果和组织能力的重要体现，特别是在审批服务便民化工作当前发展的阶段，使用标准化方法来系统、协同地规范审批流程、办事指南，打破信息孤岛、强化监督抽查等工作，是确保审批服务便民化实现跨越式发展的必然要求。

二是优化和提高审批效率的实现途径。标准作为认知能力和最佳实践的包络，是技术创新的基础。审批服务便民化工作高水平的优化提效，就要站在标准这一认知和实践包络的上面，否则，只能在低起点上重复以前的工作，制约审批效率的提升。标准对各审批环节作出了明确、具体、可操作的规范性要求，认真总结经验，及时复制推广，加快把审批服务便民化工作的实践成果转化为制度性成果。

三是预防和治理环节腐败的制度工具。随着审批服务便民化工作及“最多跑一次”改革步入深水区，一些束缚改革发展的积弊逐步暴露。标准对涉及权力运行监督、行政审批流程、权力行使的程序和具体方式等内容作出明确规定，可有效解决申请条件不明确、办理流程不透明、办事机关自由裁量权太大等问题，缩小权力寻租空间，并要求政务服务过程、结果全公开。同时建立科学合理有效的绩效考评标准，将部门内部的考核约束和公众的评价监督结合起来，全方位地建立现代政府治理体系和治理能力相适应的惩治腐败标准体系。

制定和实施GB/T 37277—2018《审批服务便民化工作指南》，一是体现效率性，总结提炼全国各地审批服务便民化工作经验，充分运用互联网思维，让政务数据多跑路，让后台服务多跑路，大大提高行政效率，提高服务数量和质量；二是体现回应性，破除以往企业和群众到政府办事需要反复跑、来回跑、无效跑的痼疾，从企业和群众生产生活最密切的领域出发，着力解决民众办事的堵点，回应民众需求；三是体现公平性，公开服务事项，明确权力清单，优化办事流程，最大可能地缩减因不透明和程序繁琐、程序复杂而造成的设租、寻租、代租现象，减少社会交易成本；四是体现人民性，坚持以人民为中心的发展思想，从人民利益出发，并最终服务于人民利益，增强群众获得感。正如习近平总书记指出的，要坚持把实现好、维护好、发展好最广大人民根本利益作为推进改革的出发点和落脚点，让发展成果更多更公平地惠及全体人民，唯有如此改革才能大有所为。

第二章　标准制定的情况说明

第一节　标准制定的基本原则

一、专业性原则

为实现审批服务便民化的规范化管理，达到符合我国相关法律、法规、相关标准，以及《关于深入推进审批服务便民化的指导意见》的要求，促进审批服务科学持续发展，GB/T 37277—2018 总结提炼全国各地审批服务便民化工作经验，充分运用互联网思维，针对我国审批服务便民化现状，提出了告知服务、网上服务、现场服务等服务要求。

二、协调性原则

本标准全面地、系统地反应、再现和涵盖审批服务便民化工作要领，不违背、不矛盾。对于已有国家标准的内容应尽量采用国家标准。本标准直接采用政务服务中心网上服务、现场运行、投诉处置等国家标准。使用时，充分考虑可扩展性和兼容性，为审批服务制度改革和未来业务发展预留足够的扩展空间。

三、规范化原则

本标准按照 GB/T 1.1—2009《标准化工作导则　第 1 部分：标准的结构和编写》、GB/T 20000.3—2014《标准化工作指南　第 3 部分：引用文件》和 GB/T 20001.1—2001《标准编写规则　第 1 部分：术语》等标准化工作文件给出的基本原则、要求进行起草。

第二节　标准制定的主要过程

《审批服务便民化工作指南》为国家标准制修订计划项目（项目计划编号：20182057-T-469），由浙江省市场监督管理局牵头，归口单位为全国行政审批标准化工作组（SWG 14）。

一、资料收集过程

在标准编制过程中，编制组收集了以下现行资料：

《行政许可标准化指引（2016 版）》

《中华人民共和国行政许可法》（中华人民共和国主席令　第七号）

《中华人民共和国行政处罚法》（中华人民共和国主席令　第六十三号）

《中华人民共和国行政强制法》（中华人民共和国主席令　第四十九号）

《中华人民共和国电子签名法》（中华人民共和国主席令　第十八号）

《政务信息资源共享管理暂行办法》（国发〔2016〕51 号）

《中华人民共和国档案法实施办法》（国家档案局第 5 号令）

《国务院办公厅关于印发“互联网＋政务服务”技术体系建设指南的通知》（国办函〔2016〕108 号）

《关于深入推进审批服务便民化的指导意见》

《国务院关于加快推进全国一体化在线政务服务平台建设的指导意见》（国发〔2018〕27 号）

《国务院办公厅关于印发进一步深化“互联网＋政务服务”推进政务服务“一网、一门、一次”改革实施方案的通知》（国办发〔2018〕45 号）

GB/T 21061《国家电子政务网络技术和运行管理规范》

GB/T 32168《政务服务中心网上服务规范》

GB/T 32169.1《政务服务中心运行规范　第 1 部分：基本要求》

GB/T 32169.2《政务服务中心运行规范　第 2 部分：进驻要求》

GB/T 32169.3《政务服务中心运行规范　第3部分：窗口服务提供要求》

GB/T 32169.4《政务服务中心运行规范　第4部分：窗口服务评价要求》

GB/T 36112《政务服务中心服务现场管理规范》

GB/T 36113《政务服务中心服务投诉处置规范》

GB/T 36114《政务服务中心进驻事项服务指南编制规范》

GB/T 37277—2018《审批服务便民化工作指南》及相关国家标准具体内容见附录。

二、标准起草过程

2018年3月，浙江省市场监督管理局（原浙江省质量技术监督局）向国家标准化管理委员会提出制定《审批服务便民化工作指南》国家标准的申请。

2018年5月25日，国家标准化管理委员会在浙江省温岭市组织立项研讨，通过专家审查认可。

2018年7月4日，全国行政审批标准化工作组（SWG 14）在北京召开国家标准立项论证会，标准获得专家的肯定。

2018年7月，正式启动了《审批服务便民化工作指南》国家标准的编制工作，组建由浙江省市场监督管理局、中国标准化研究院、浙江省最多跑一次改革办公室、浙江省标准化研究院、浙江省标准化协会、衢州市行政服务中心管理办公室、台州市行政服务中心、湖北省标准化与质量研究院、广东省标准化研究院、南京市栖霞区尧化街道办事处、上海市质量和标准化研究院、山东省新泰市公共行政服务中心管理办公室、天津市标准化研究院、南通市行政审批局组成的标准编制组，编制组完成资料收集及分析研究工作。经过内部讨论，确立了标准的基本技术内容，形成标准内部讨论稿。

2018年7月24日，第一次标准研讨会在浙江省衢州市召开，来自中央机构编制委员会办公室、国家标准化管理委员会、中国标准化研究院、浙江省标准化研究院、浙江省标准化协会以及上海、天津、浙江、山东、江苏等地的领导专家参加研讨，会上编制组和专家对标准内部讨论稿进行逐条理解、反复推敲，完善标准初稿，形成标准草案第一稿。

2018年8月9日，编制组专题召开标准修改研讨会，收到全国各省专家修改意见130条，针对专家提出的意见逐章逐条进行讨论，形成标准草案第二稿。

2018年8月21日，第二次标准研讨会在湖北省武汉市召开，中央机构编制委员会办公室、中国标准化研究院、浙江省标准化研究院、浙江省标准化协会以及上海、广东、山东、湖北等地的领导和专家参加本次研讨会，会上编制组和专家对标准草案第二稿进行逐条理解、反复推敲，形成标准草案第三稿。

2018年8月29日，编制组召开第二次标准修改研讨会，共征集到中国标准化研究院、上海市质量和标准化研究院、湖北省标准化与质量研究院、山东省新泰市行政中心、浙江省衢州市行政中心、浙江省台州市行政中心6家单位反馈意见，合计征得意见48条，在对征集到的意见进行逐条讨论研究后，采纳意见21条，形成标准草案第四稿和标准的编制说明（草案）。

2018年9月18日，提交中央机构编制委员会办公室审核，吴知论副主任提出应补充完善告知、网上预审、督办、救济、材料精简、便民度审查、数据共享等核心要素的要求，标准编制组根据要求修改形成标准草案第五稿。

2018年10月17日，再次提交中央机构编制委员会办公室审核，回复可进行全国范围内意见征求，形成《审批服务便民化工作指南》征求意见稿，并完成本稿标准的编制说明。

2018年10月18日，全国行政审批标准化工作组发布征集《审批服务便民化工作指南》意见的通知，在全国范围内广泛征求意见。经过一个月的意见征集，合计征得意见80条。在对征集到的意见进行逐条讨论研究后，采纳意见64条，未采纳意见12条，待审意见4条。编制组根据采纳的意见对标准进行了相应的修改，形成《审批服务便民化工作指南》送审稿。

2018年12月3日，全国行政审批标准化工作组在北京组织召开《审批服务便民化工作指南》国家标准专家审查会。来自中央机构编制委员会办公室、国家发展和改革委员会、中国证券监督管理委员会、农业农村部、商务部、中国标准化研究院、上海市质量和标准化研究院、中国计量大学等单位的21名专家组成审查组。专家组通过投票方式通过评审，一致认为标准起草单位提供的送审资料齐全，内容科学合理适用，具有很强的科学性和可操作性。编制组根据评审会专家意见对标准进行了相应的修改，形成《审批服务便民化工作指南》报批稿，上报全国行政审批标准化工作组。

2018年12月28日，国家标准化管理委员会2018年第17号公告发布GB/T 37277—2018《审批服务便民化工作指南》，并于2019年4月1日起正式实施。

第三章　标准条款解读

本标准坚持以人民为中心，把党的群众路线贯彻到审批服务便民化全过程，聚焦影响企业和群众办事创业的堵点痛点，用最短的时间、最快的速度，把服务企业和群众的事项办理好，让群众成为改革的监督者、推动者、受益者。

本标准规定了审批服务便民化的接收事项范围、基础工作、告知服务、网上服务、现场服务、监督检查与评价等方面内容，标准框架见图3。

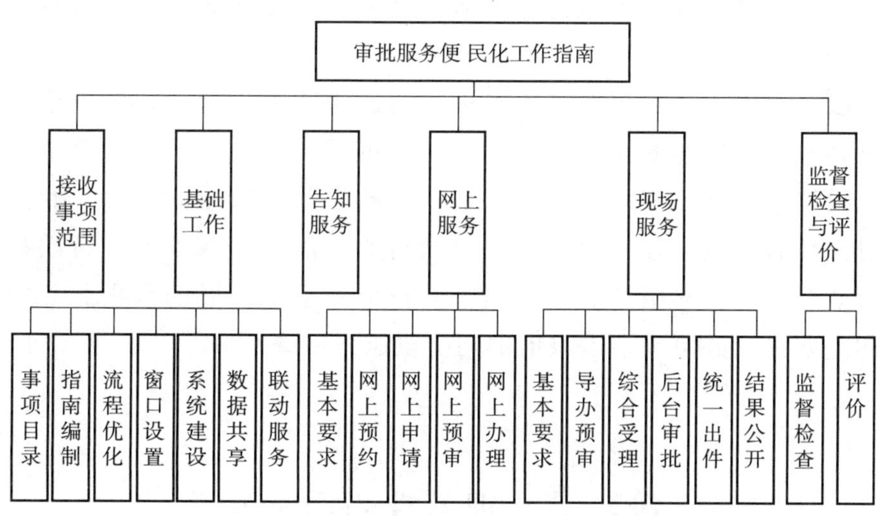

图3 《审批服务便民化工作指南》标准框架

第一节 范 围

【标准条款】

> 1 范围
>
> 本标准提供了审批服务便民化的接收事项范围、基础工作、告知服务、网上服务、现场服务、监督检查与评价等。
>
> 本标准适用于实施开展依申请办理行政审批和公共服务事项的便民化服务工作。

【条款解读】

本条款第一段是对后续标题的归纳，表示本标准将从这些方面对审批服务便民化工作提出要求。

第二段是重点内容，它规定了本标准的适用范围，即行使依申请办理行政审批和公共服务事项的便民化服务工作。这里需要强调两点，行使依申请办理的行政审批（包括行政许可、行政确认、行政给付、行政裁决等）和法律规定行政相对人负有申报、报送等义务的行政行为，以及行政处罚、行政强制等依职权的行政行为；公共服务事项过程中实施机构组织开展的审批服务主要为需要群众和企业提交办事申请、政府部门提供服务的事项。

第二节 规范性引用文件

【标准条款】

> 2 规范性引用文件
>
> 下列文件对于本文件的应用是必不可少的。凡是注日期的引用文件，仅

注日期的版本适用于本文件。凡是不注日期的引用文件，其最新版本（包括所有的修改单）适用于本文件。

GB/T 21061　国家电子政务网络技术和运行管理规范

GB/T 32168　政务服务中心网上服务规范

GB/T 32169.1　政务服务中心运行规范　第1部分：基本要求

GB/T 32169.2　政务服务中心运行规范　第2部分：进驻要求

GB/T 32169.3　政务服务中心运行规范　第3部分：窗口服务提供要求

GB/T 36112　政务服务中心服务现场管理规范

GB/T 36114　政务服务中心进驻事项服务指南编制规范

【条款解读】

本条款表明，在使用本标准时，需要同时使用列出的这7项国家标准。而且由于没有注明年代号，因此应使用最新版本。

第三节　术语和定义

【标准条款】

3　术语和定义

下列术语和定义适用于本文件。

3.1

审批服务　administrative approval and service

政府部门及其授权或委托的其他组织行使依申请办理的行政审批和公共服务事项过程中提供的服务活动。

【条款解读】

对审批服务的定义，需要注意以下两点：

（1）服务主体为政府部门及其授权或委托的其他组织。

（2）服务内容为行使依申请办理的行政审批和公共服务事项过程中提供的服务活动。

【标准条款】

3.2

最多跑一次　one time at most procedure

自然人、法人和非法人组织在申请材料齐全、符合法定形式前提下，向行政机关申请办理一件事从提出申请到收到办理结果全程只需一次上门或者零上门的情况。

注1：“一件事”是指一个办事事项或者可以一次性提交申请材料的相关联的多个办事事项。

注2：服务对象以完整办成“一件事”为原则，运用场景主题事项、办事事项生命周期等方法打通部门界限，形成组合事项。

【条款解读】

对最多跑一次的定义，需要注意以下三点：

（1）服务对象为自然人、法人和非法人组织，可理解为“群众和企业”。

（2）服务主体为行政机关（政府），包括部门及其授权或委托的其他组织。

（3）服务要求是在申请材料齐全、符合法定形式前提下，全程只需一次上门或者零上门。

【标准条款】

3.3

全程网办　fully online procedure

通过网络或第三方辅助服务形式完成的从提出申请到收到办理结果的全过程。

注：办理的内容包括身份核验、信息共享手段网上提交申报材料、加盖电子签章、签发电子证照、快递上门取送纸质材料等。

【条款解读】

对全程网办的定义，需要注意以下两点：

（1）前置条件为申请材料齐全且符合法定条件的行使依申请办理的行政审批和公共服务事项。

（2）服务要求为从提出申请到收到办理结果的全过程，均可通过网络或第三方辅助服务形式完成。

【标准条款】

3.4

马上办 finish on the spot

即办

审批程序简便，申请材料齐全、符合法定形式的待办事项，当场受理当场办结。

【条款解读】

部分审批程序简便的办事事项，服务对象在申请材料齐全、符合法定形式情况下，行政机关当场受理后当场办结。

【标准条款】

3.5

就近办 locally examination and approval

自然人、法人和非法人组织申请办理事项，可通过自助终端和所在地的乡镇（街道）、村（社区）办理。

【条款解读】

对就近办的定义，需要注意以下两点：

（1）鼓励大量使用审批服务自助终端，全天办事不打烊，让数据多跑路，让群众和企业少跑腿。

（2）针对交通不便、居住分散、留守老人多等乡镇（街道）、村（社区）的实际情况，积极开展代缴代办代理等便民服务，加快完善审批便民服务体系，解决群众和企业分头跑、多次跑的烦恼。

第四节　接收事项范围

【标准条款】

4　**接收事项范围**

审批服务便民化接收事项范围包括：

——依申请办理的行政权力事项；

注 1： 需要由自然人、法人或者其他组织申请办理以及直接面向社会公众提供的行政权力事项，如行政许可、行政征收、行政给付、行政确认、行政奖励、行政裁决及其他行政权力事项。

——依申请办理的公共服务事项。

注 2： 服务对象提交办事申请，政府部门及其授权或委托的其他组织提供服务的事项。

【条款解读】

本条款对接收事项范围作出规定。审批服务便民化接收的事项范围包括依申请办理的行政权力事项和依申请办理的公共服务事项。其中行政权力事项主要是指依申请的行政行为（例如：行政许可、行政确认、行政给付、行政裁决等）和法律规定行政相对人负有申报、报送等义务的行政行为（例如：税款征收实行纳税人申报制度等）；行政处罚、行政强制等依职权的行政行为，除法律特别的制度设计外，不宜列入事项清单。而公共服务事项是指需要群众和企业提交办事申请、政府部门提供服务的事项；基于一般民事合同关系提供的商业性服务事项，不宜列入事项范围。

第五节　基础工作

【标准条款】

5　基础工作

5.1　事项目录

5.1.1　建立审批服务便民化事项清单，并实行动态管理，及时更新调整清单内容。

【条款解读】

本条款对建立审批服务便民化事项清单作出了总体要求。开展审批服务的政府部门及其授权或委托的其他组织在梳理公布政府权力清单和公共服务事项清单基础上，以企业和群众办好“一件事”为目标建立审批服务便民化事项清单。明确事项内容是审批服务便民化的基础性工作，事项清单应实行动态管理，并及时更新调整清单内容。

【标准条款】

5.1.2　审批服务事项便民化清单统一格式，可按照同一个事项主项名称、子项名称、适用依据、事项类型、事项编码、适用依据、申请材料、办事流程、业务经办流程、收费标准、办理时限等要素编制。

【条款解读】

本条款对审批服务事项便民化事项清单格式作出了规定。本条款要求建立的审批服务便民化清单应统一格式，按照GB/T 36114《政务服务中心进驻事项服务指南编制规范》要求编制，为了方便群众和企业办事，通过规范每个事项的办理流程、办结时限、申请材料、流程图等内容，指引企业和群众如何办事。同时也为开展一次性告知服务奠定了基础。

【标准条款】

5.2 指南编制

5.2.1 根据 GB/T 36114 要求，对每件事项编制服务指南完整版和简版，注明申请材料示范文本、常见问题解答、常见错误示例等，服务窗口可仅提供简版，同时注明完整版的查询途径和获取方式。

【条款解读】

本条款对审批服务便民化事项服务指南的编制作出了总体要求，要求为每件事项编制服务指南，需要注意以下两点：

(1) 根据 GB/T 36114《政务服务中心进驻事项服务指南编制规范》要求编制，应注明申请材料示范文本、常见问题解答、常见错误示例等主要内容。

(2) 服务指南有完整版和简版两种形式，服务窗口可仅提供简版，简版只需满足“服务指南名称、申请材料目录、收费标准、办结时限、结果送达、咨询途径、办公地址和时间七要素”，同时应注明完整版的查询途径和获取方式。

【标准条款】

5.2.2 对每件事项根据办理情形制定细化量化的受理审查标准，明确每件事项申请材料的审查形式、审查要点、常见问题和错误示例等。

【条款解读】

本条款对服务指南中事项办理审查标准作出了规定，要求对每件事项，根据办理情形制定细化、量化的受理审查标准，明确每项申请材料的审查形式、审查要点、常见问题和错误示例等，通过实施“受理审查标准”提高办事人员的办事效率和办事质量。

【标准条款】

5.3 流程优化

5.3.1 按照减环节、减次数、减材料、减时限、减费用的要求优化办理流程，编制简明易懂的办理流程图。马上办事项流程宜整合受理和审查环节；承诺时限事项流程宜同步进行现场踏勘和程序性审查；共同审批事项流程宜实行一窗受理、按责转办、并联审批、结果互认。

【条款解读】

本条款对事项办理流程的优化作出了总体规定，要求审批服务便民化工作聚焦不动产登记、市场准入、投资项目、建设工程、民生事务等办理量大、企业和群众关注的重点领域优化办事流程，按照减环节、减次数、减材料、减时限、减费用的要求，逐项编制标准化工作规程和办事指南，推行一次告知、一表申请，编制简明易懂的办理流程图，并指出三种办事情形下的优化方法：

（1）马上办事项流程宜整合受理和审查环节。

（2）承诺时限事项流程宜同步进行现场踏勘和程序性审查。

（3）共同审批事项流程宜实行一窗受理、按责转办、并联审批、结果互认。

【标准条款】

5.3.2 固定资产投资项目宜将立项前需分别编制的可行性报告、节能评估报告、社会稳定风险评估报告合并，在完成区域评估基础上，明确投资、能耗、环境、建设等标准，并按标准进行管理；对工程建设项目宜将节能评估、环境影响评价、安全条件审查等实行统一评估，施工设计图审查宜与规划设计条件审查、建设工程消防设计审核、人防工程设计审查、建设项目安全设施设计审查等实施联合审查；工程建设项目竣工验收宜实行联合验收，统一测绘、统一竣工验收图纸，统一出具验收意见。

【条款解读】

本条款提出固定资产投资项目、工程建设项目、施工图设计审查和工程竣工验收等审批服务流程的优化建议。推动在建设工程领域实行联合勘验、联合审图、联合测绘、联合验收。实行企业投资项目“多评合一”、并联审批。对国家鼓励类企业投资项目探索不再审批。对不新增用地“零土地”技改项目推行承诺备案制。在各类开发区推行由政府统一组织对一定区域内土地勘测、矿产压覆、地质灾害、水土保持、文物保护、洪水影响、地震安全性、气候可行性等事项实行区域评估，切实减轻企业负担。在实行“多规合一”基础上，探索“规划同评”。

【标准条款】

5.3.3 对优化后流程的合法性、合理性进行审查，如有重大调整，宜通过公开征求意见或专家认证等方式予以确认。

【条款解读】

本条款对优化后流程的审查要求提出明确意见，宜采取公开听证、专家认证等方式对优化后的流程合理性、合法性应进行审查。

【标准条款】

5.3.4 申请材料中确需保留的证明事项，宜有证明材料，且征求业务主管部门意见，并向社会公开，列明设定依据、索要证明单位、开具证明单位等。

【条款解读】

本条款对申请材料中确需保留的证明事项作出了规定，要求消除审批服务中的模糊条款，属于兜底性质的“其他材料”“有关材料”等，应逐一加以明确。全面清理烦扰企业和群众的“奇葩”证明、循环证明、重复证明等各类无谓证明，对确需保留的证明事项，应征求业务主管部门意见，并向社会公开，列明设定依据、索要证明单位、开具证明单位等。

【标准条款】

5.3.5 下列材料应予以取消：

——没有法律、行政法规、国务院决定、部门规章、地方性法规依据的申报材料。

——模糊条款。如“其他材料”“相关证明”“……等材料”等不明确表示。

——可以被其他申报材料涵盖或替代的申报材料。申报材料与其他材料功能相似、内容重叠，或者可以与其他材料相互包含、相互认证的。

——本系统已发放证照或批准文件的材料。

——无谓证明。如“遗失证明”“补办证明”“资信证明”“注册资金证明”等。

——各类不合法不合理的公证材料。法律法规没有明确要求必须公证的申报材料。

——可通过“告知＋承诺”方式替代的申报材料。事前难以核实真实性，而通过事中事后监管能够纠正且不会产生严重后果的申报材料。

——无法证实其真实有效性的申报材料。

——与所办理事项没有直接关系的申报材料。

【条款解读】

本条款对申请材料中应取消的材料予以明示，本条款回应持续开展“减证便民”行动，大力减少盖章、审核、备案、确认、告知等各种繁琐环节和手续。凡没有法律法规依据的一律取消，能通过个人现有证照来证明的一律取消，能采取申请人书面承诺方式解决的一律取消，能被其他材料涵盖或替代的一律取消，能通过网络核验的一律取消，开具单位无法调查核实的证明一律取消。清理过程中需要修改法律法规的，及时提出修改建议，按照法定程序提请修改。对保留的证明，要加强互认共享，减少不必要的重复举证。

【标准条款】

5.4 窗口设置

5.4.1 根据办事事项领域、办理流程关联度、办理数量和频次等要素设置如下窗口：

——设立投资项目审批、商事登记、社会事务、公安服务、税务服务、不动产交易登记、人力社保事务、公积金服务等领域综合受理窗口；

——部分办理量大、办理频次高与其他事项无关联度的即办件或受理专业性强的事项，设立专业窗口；

——年办件量少、与其他事项关联度低或季节性办理的其他事项，设立其他综合事务窗口；

——设立综合出件窗口，办理结果文件由出件窗口统一出件。

【条款解读】

本条款对不同办事事项设置不同的窗口作出了规定，要求根据企业和群众办件频率、办事习惯，不断优化调整窗口设置。对涉及多个部门的事项，建立健全部门联办机制，探索推行全程帮办制。根据办事事项领域、办理流程关联度、办理数量和频次等要素设置“综合受理窗口”“专业窗口”“其他综合事务窗口”“综合出件窗口”，提出“一窗受理”向“无差别全科”窗口受理模式升级的建议。

【标准条款】

5.4.2 因场地条件限制等原因无法整合进驻政务服务中心的分中心或部门办事大厅，将受理系统纳入政务服务平台，实现办理过程和结果统一监督，条件成熟后可进驻政务服务中心。

【条款解读】

本条款对无法进驻政务服务中心的办事事项作出了规定，要求部分因场地条件限制等原因无法整合进驻政务服务中心的分中心或部门办事大厅的审批服务办事事项，先将受理系统纳入政务服务平台，实现办理过程和结果统一监督，待条件成熟后进驻政务服务中心。

【标准条款】

5.4.3 依托窗口系统对接、数据共享、受理标准化等方法，扩大窗口办理事项的内容和范围，宜从同部门、同领域办事窗口向跨部门、跨领域“无差别全科”窗口受理模式升级，实现窗口材料收取、受理初审、咨询服务的全科化。

注：无差别全科受理是指政务服务中心任一窗口均能受理全部办事事项。

【条款解读】

本条款对窗口事项办理的未来发展方向提出了建议，要求依托窗口系统对接、数据共享、受理标准化等方法，扩大窗口办理事项的内容和范围。从“一窗受理、集成服务”模式向跨部门、跨领域“无差别全科”窗口受理模式升级。

【标准条款】

5.5 系统建设

5.5.1 建设事项受理系统，网上申报接入统一的政务服务平台，满足但不限于以下要求：

——实现政务服务平台“一次登录、全网通办”；

——支持共同审批事项由牵头窗口统一受理，分类转送，同步办理，统一出件。

【条款解读】

本条款给出了政务服务平台建设的基本要求。打破信息孤岛，统一明确各部门信息共享的种类、标准、范围、流程，加快推进部门政务信息联通共用。按照“整合是原则、孤网是例外”的要求，清理整合分散、独立的政务信息系统，统一接入国家数据共享交换平台，构建网络安全防护体系，实现跨部门跨地区跨层级政务信息可靠交换与安全共享，并依法依规向社会开放。

【标准条款】

5.5.2 建立电子监察系统，实现事项办理全过程跟踪查询。

【条款解读】

本条款对建立电子监察系统作出了规定，要求政务服务平台建立电子监察系统，实现事项办理全过程跟踪查询。

【标准条款】

5.5.3　建立法人和自然人全生命周期信息库。

【条款解读】

本条款对建立法人和自然人信息库作出了规定，要求政务服务平台建立法人和自然人全生命周期信息库，为各类事项办理提供数据调用。

【标准条款】

5.5.4　建立电子证照库，提供电子证照的生成、管理、共享服务，实现办理过程中的证照管理、真实性鉴别、信息共享功能。

【条款解读】

本条款对建立电子证照库作出了规定，要求政务服务平台建立电子证照库，提供在审批服务中电子证照的自动生成、集成管理、共享服务，实现办理过程中的证照管理、真实性鉴别、信息共享功能。

【标准条款】

5.5.5　建立电子档案库，实现办理材料电子化归档、管理、查阅。

【条款解读】

本条款对建立电子档案库作出了规定，要求政务服务平台建立电子档案库，实现办理材料电子化归档、管理、查阅。

【标准条款】

5.5.6　使用网上公共支付平台，方便服务对象网上缴费。

【条款解读】

本条款对网上支付作出了规定，要求政务服务平台建立网上公共支付平台，方便服务对象网上缴费。

【标准条款】

5.5.7　保证用户隐私及信息安全，系统、运行维护等符合 GB/T 21061 中的规定。

【条款解读】

本条款对保护用户隐私作出了规定，要求政务服务平台系统、运行维护等应符合 GB/T 21061《国家电子政务网络技术和运行管理规范》的要求，保证用户隐私及信息安全。

【标准条款】

5.5.8　建立与政务服务平台相对应的移动应用端、自助终端和官方公众号，拓展办理渠道。

【条款解读】

本条款对拓展政务服务事项办理渠道作出了规定，要求政务服务平台拓展办理渠道，应建立相对应的移动应用端、自助终端和官方公众号。

【标准条款】

5.5.9　利用官方公众号、政务微博，提供服务事项、服务指南和投诉反馈服务。

【条款解读】

本条款对提供服务事项、服务指南和投诉反馈服务的途径作出了规定，要求审批服务应利用官方公众号、政务微博，提供服务事项、服务指南和投诉反馈服务。

【标准条款】

> 5.5.10 政务服务平台应实现网上预约、网上申请、在线办理、实时查询、民意互动、网上评价等功能，符合 GB/T 32168 的要求。

【条款解读】

本条款对政务服务平台应实现的功能作出了规定，要求政务服务平台应符合 GB/T 32168《政务服务中心网上服务规范》的要求，实现网上预约、网上申请、在线办理、实时查询、民意互动、网上评价等功能。

【标准条款】

> 5.6 **数据共享**
>
> 5.6.1 明确每一事项所需办事材料的共享来源（自行提供、外部共享、内部共享）、共享条件、数据类型、共享方式、更新周期等，建立数据共享目录清单。

【条款解读】

本条款给出了审批服务数据共享的要求，明确了建立数据共享目录清单所需的共享来源（自行提供、外部共享、内部共享）、共享条件、数据类型、共享方式、更新周期等要素。

【标准条款】

> 5.6.2 搭建数据共享平台，实现不同业务专网之间、不同办事系统之间数据共享调用与实时数据推送对接，减少服务对象办事所需填写的表单、材料。

【条款解读】

本条款给出了搭建审批服务数据共享平台的要求，通过不同业务专网之间、不同办事系统之间数据共享调用与实时数据推送对接，减少服务对象办事所需填写的表单、材料。

【标准条款】

5.7 联动服务

5.7.1 建立部门间协作配合机制，涉及多部门、多环节的事项实行并联审批、联合审查、联合勘察、联合监管。

【条款解读】

本条款对建立审批服务部门间协作配合联合机制作出了规定，要求建立部门间协作配合机制，如果涉及多部门、多环节的事项，则要实行并联审批、联合审查、联合勘察、联合监管。

【标准条款】

5.7.2 建立省、市、县（市、区）、乡镇（街道）、村（社区）五级便民服务体系，实现就近能办、异地可办。

【条款解读】

本条款对建立五级便民服务体系作出了规定，本条款是对机制建设的补充，要求建立省、市、县（市、区）、乡镇（街道）、村（社区）五级便民服务体系，构建一个纵向到底、横向到边的审批服务工作机制。进一步提高镇、村响应群众诉求和为民服务的能力，让群众和企业在家门口享受优质高效的审批服务。

【标准条款】

5.7.3 依托银行、邮政等服务机构设置自助服务终端，实现审批申报、办事预约、证照打印等功能，并逐步拓展自助服务事项范围。

【条款解读】

本条款对依托银行、邮政等服务机构实施联动服务提出了要求，要求逐步拓展自助服务事项范围，将审批服务自助服务终端机设立在村（社区）附近，对量大面广的个人事项可利用银行、邮政等网点实现服务端口前移，实现审批申报、办事预约、证照打印等功能。

【标准条款】

> 5.7.4　宜开展帮（代）办服务，为服务对象提供帮（代）办服务。交通不便、居住分散等地区，宜建立社区（村、居）服务站点代办服务。

【条款解读】

本条款对开展帮（代）办服务提出了要求，要求建立代办、帮办制度来兜底，包括建立专业化、高素质、复合型的审批服务便民化代办、帮办队伍，对复杂事项提供代办、帮办服务，对内衔接流转等内容。该项制度由政府购买服务，免费向有需要的企业和群众提供代办、帮办服务。

第六节　告知服务

【标准条款】

> 6　**告知服务**
> 6.1　整合各类非应急的咨询投诉举报热线，设立实时畅通的统一电话咨询平台。

【条款解读】

本条款对建立统一电话咨询平台提出了要求。告知服务是实现审批服务便民化的基础，只有保障了电话、网上、现场、信函等咨询渠道的畅通，才能满足群众和企业的办事咨询需求。本条款要求设立实时畅通的政务咨询投诉举报平台，将各类非应急的咨询投诉举报热线和来信、来访、网上投诉举报统一整合，实行“一号接听、一网受理”，做到平台受理、部门办理、同步监督、群众评价，方便受理群众和企业办事咨询和投诉。

【标准条款】

6.2　在政务服务平台设立网上咨询功能，可通过移动应用端和官方公众号及时回复服务对象的咨询。

【条款解读】

本条款对在政务服务平台设立网上咨询功能提出要求，通过移动应用端和官方公众号及时回复服务对象的咨询，做到平台受理、部门办理、网上答复、同步监督。

【标准条款】

6.3　在服务现场设置咨询导办台，对服务对象做出清晰明确答复，并提供相关事项的服务网址、服务指南及其他需要查询的相关服务内容。

【条款解读】

本条款对审批服务现场开展告知服务提出要求，设置咨询导办台为群众和企业提供办事咨询，对办事分流、提高审批服务效率将会起到积极的作用。

【标准条款】

6.4　建立以服务指南要素为核心的统一咨询解答知识库，对服务对象的咨询一次性做出明确答复；当场不能答复的，告知服务对象答复时间及其他咨询途径。

【条款解读】

本条款对建立咨询解答知识库提出了要求，要求建立以服务指南要素为核心的统一咨询解答知识库，通过知识库获取信息对服务对象的咨询一次性给出明确答复；当场不能答复的，应告知服务对象答复时间及其他咨询途径。咨询解答知识库应动态管理，实现电话、网络、现场共享。

【标准条款】

6.5 宜主动告知服务对象法定受理条件、申请材料清单、申请材料的办理途径和来源等。

【条款解读】

本条款对告知内容作出了规定。本条款明确了主动告知服务对象法定受理条件、申请材料清单、申请材料的办理途径和来源等。

第七节 网上服务

【标准条款】

7 网上服务

7.1 基本要求

网上政务服务的基本原则、服务提供、服务保障等符合 GB/T 32168 的要求。

【条款解读】

本条款对网上服务基本要求作出了规定。本条款提出要实现审批服务便民化，网上服务是关键，要强化互联网思维，推动政府管理创新与互联网、物联网、大数据、云计算、人工智能等信息技术深度融合，推进审批服务扁平化、便捷化、智能化。在网上政务服务平台体系下，积极推行“互联网+政务服务”，以审批智能化、服务自助化、办事移动化为重点，把实体大厅、网上平台、移动客户端、自助终端、服务热线等结合起来，实现线上线下功能互补、融合发展。

本条款引用 GB/T 32168《政务服务中心网上服务规范》对审批服务网上服务基本要求作出规范。开发受理模块、统一事项编码、建立交换通道，同时植入电子签章，建立电子证照库、电子档案库、公共支付平台以及移动端应用，以实现网上预约、网上申请、在线办理、实时查询、民意互动等网上服务，通过让数据多跑路，换取群众和企业少跑腿甚至不跑腿。

【标准条款】

7.2　网上预约

7.2.1　通过移动终端等渠道提供办事预约，选择预约窗口和事项、日期和时间段，预约申请成功后应给予成功提示。

【条款解读】

本条款对通过移动终端预约提出了要求。本条款要求政务服务平台同步开发手机 APP 等，并不断完善功能。将各种审批服务应用放在移动终端，方便群众和企业办事。利用移动终端等实现办事预约，并且通过移动端选择预约窗口和事项、日期和时间段，预约申请成功后应给予成功提示，形成预约服务的闭环流程。

【标准条款】

7.2.2　提供预约控制功能，设置办事事项最大预约数。在预约时间段前和时段内，可取消预约。

【条款解读】

本条款对预约控制提出了要求。本条款要求开发的移动终端网上预约功能，应提供预约控制功能，设置办事事项最大预约数。在预约时间段前和时段内，可取消预约。

【标准条款】

7.2.3　同一审批服务事项一个有效证件只能预约一次，办理完成或者取消预约后可再进行预约。

【条款解读】

本条款对同一审批服务事项的预约提出了要求。本条款要求开发的移动终端网上预约功能，同一审批服务事项一个有效证件只能预约一次，办理完成或者取消预约后可再进行预约。

【标准条款】

7.3　网上申请

7.3.1　服务对象登录政务服务平台后，平台自动关联服务对象的用户信息，引导服务对象完善填写其他信息，上传申请材料。

【条款解读】

本条款对服务对象登录后政务服务平台所具备的功能提出了要求。本条款要求政务服务平台应自动关联服务对象的用户信息，引导服务对象完善填写其他信息，上传申请材料。上一个审批服务环节已填写的申报材料，不再要求重复提交。

【标准条款】

7.3.2　给予申请提交是否成功提示。

【条款解读】

本条款要求政务服务平台应给予申请提交是否成功提示，形成网上申请服务的闭环流程。

【标准条款】

7.4　网上预审

依法需要现场办理的审批服务事项，通过网上预审功能查看服务对象提交的相关信息和材料，受理结果、查询方式等以信息化方式及时推送给服务对象：

——材料符合办理条件时，以短信等通知申请人携带或快递原件材料到现场办理；

——材料不符合条件时，以短信等通知申请人网上补正材料。

【条款解读】

本条款对事项办理的网上预审作出了规定。本条款要求网上预审的受理结果、查询方式等应以信息化方式及时推送给服务对象，并对材料是否符合办理条件两种情况下作出明确操作规定。

【标准条款】

7.5 网上办理

7.5.1 全流程网上办理的事项，可通过快递送达或在线下载打印提供办理结果文件。

【条款解读】

本条款对全流程网上办理事项的办理结果文件的获取作出了规定。对实行全流程网上申办事项，网上申请办理完结后，证照通过快递寄送至办事群众或企业手中，全程无需到达现场，实现群众和企业“一次不跑”。

【标准条款】

7.5.2 需核验材料的事项，通知服务对象携带原件材料到综合受理窗口进行核验。

【条款解读】

本条款对网上办理事项的材料核验作出了规定。本条款要求对确需现场核验材料的事项，办事群众或企业经网上申报、上传资料，工作人员网上预审通过后，通知服务对象携带原件材料到综合受理窗口进行核验，避免因材料不全或者不符合要求多跑趟。

【标准条款】

7.5.3 需现场勘察的事项，通知服务对象准备好相关材料，并配合现场勘察。

【条款解读】

本条款对网上办理事项现场勘察作出了规定。本条款要求对确需现场勘察的事项，通知服务对象准备好相关材料，并配合现场勘察。

第八节　现场服务

【标准条款】

8　现场服务

8.1　基本要求

政务服务中心设置自助办理区、导服咨询区、等候区、综合受理区、后台办理区等办事专区，按照 GB/T 36112、GB/T 32169.1、GB/T 32169.2、GB/T 32169.3 的要求配置设备、管理现场、开展服务。

【条款解读】

本条款对现场服务的基本要求作出了规定。现场服务是审批服务便民化的保障，通过“前台综合受理、后台分类审批、统一窗口出件”的工作模式，并依托政务服务网形成“资料共享互认，优化业务流程、精简申请材料、服务高效便捷”机制，推进部门间、环节间的无缝对接、集成高效审批，形成“统一收件、按责转办、统一督办、统一出件、评价反馈”的业务闭环，实现群众和企业到政府办事获得优质高效、标准化、无差别的审批服务。

本条款给出了现场服务的基本要求，服务大厅功能区设置，明确按照 GB/T 32169.1《政务服务中心运行规范　第 1 部分：基本要求》、GB/T 32169.2《政务服务中心运行规范　第 2 部分：进驻要求》、GB/T 32169.3《政务服务中心运行规范　第 3 部分：窗口服务提供要求》和 GB/T 36112《政务服务中心服务现场管理规范》的要求配置设备、管理现场、开展服务。

【标准条款】

8.2　导办预审

8.2.1　提供路线引导、业务咨询、爱心通道、协助取号等导办服务。

【条款解读】

本条款对现场服务的导办预审提出了要求。本条款要求审批服务现场应开展导办和预审服务，提供路线引导、业务咨询、爱心通道、协助取号等导办服务。

【标准条款】

8.2.2 提供特殊语言咨询服务。

【条款解读】

本条款对现场服务语言咨询服务提出了要求。本条款要求现场服务中提供方言、外语、手语等特殊语言咨询服务。

【标准条款】

8.2.3 提供材料预审工作，根据情况分别采取以下措施：
——材料齐全、符合法定形式的，帮助指导服务对象取号办理；
——材料不全、不符合相关要求的，指导服务对象完善或更正申请材料。

【条款解读】

本条款对现场服务中开展材料预审工作作出了要求。对材料不全，不符合相关要求的宜开展容缺受理，该制度是建立在基本条件具备、主要申请材料齐全且符合法定条件的前提下，次要条件或手续有欠缺的政务事项，窗口工作人员应先予受理和办理，并一次性告知企业和群众需补正的材料、时限和超期处理办法，在材料补齐后及时出具办理意见，颁发相关批文、证照等内容。

【标准条款】

8.3 综合受理

8.3.1 根据 GB/T 32169.3 要求开展受理申请。

【条款解读】

“综合受理”是审批服务便民化的重要环节，以往各部门在中心设立的窗口只受理本部门业务，而现在综合受理窗口是受理 N 个关联部门的业务。综合窗口对现场提交的申请材料完整性进行审查，符合受理清单或经业务部门确认材料无误的，应当场予以接收，并向群众和企业出具受理通知。申请材料不齐全或者不符合法定形式的，由综合窗口当场出具材料补齐补正通知，一次告知需要补正的全部内容。

【标准条款】

8.3.2　以审批服务便民化为导向，推行综合受理服务，最大限度减少服务对象办事多头跑动。

【条款解读】

本条款对综合受理的目的作出了规定。审批服务便民化的根本目的就是要让办事群众和企业少跑乃至不跑，资料少交乃至不交，办结快一些乃至立等可取。通过综合受理、流程优化、系统对接、数据共享等措施，破解了办事多头跑、资料反复交、办理时限长以及信息孤岛、多次录入等难题。

【标准条款】

8.3.3　法定受理权属于审批部门的，审批部门采取授权委托的形式，将审批服务事项受理权委托政务服务中心综合受理窗口行使。

【条款解读】

本条款对授权委托事项办理作出了规定。本条款要求以审批服务便民化为导向，审批服务事项法定受理权属于审批部门的，审批部门应采取授权委托的形式，将审批服务事项受理权委托政务服务中心综合受理窗口行使，实现审批服务的高效便捷。

【标准条款】

8.3.4 政务服务中心宜开展无差别全科受理服务，对现场提交的申请材料完整性进行审查，并在受理平台录入信息，出具受理通知，受理通知应注明窗口序号、所收材料、受理人员、所需时限、取件方式等，马上办事项可不出具受理通知。

【条款解读】

本条款对无差别全科受理服务提出了要求。审批服务“无差别全科受理服务”是“一窗受理、集成服务”的升级改造，主要体现在以下四个方面：

（1）群众和企业办事只需进一个门，到一个窗，就可实现办多家事，无需再在各个部门窗口间来回奔波。

（2）部门审批从各自审批到联审联办、并联审批等，优化了流程，提高了工作效率。

（3）窗口受理和部门审批的标准全部统一，实现以标准办事，减低自由裁量权。

（4）从只能受理单一业务变成了能受理多个部门的复合型人员，受理人员业务水平提高，缓解了忙闲不均，人力资源利用率大大提高。

【标准条款】

8.3.5 服务对象通过政务服务平台上传的或通过邮寄等方式提交的申请材料预受理通过后，综合受理窗口对邮寄提交的申请材料，及时录入受理平台进行分发，受理结果、查询方式等以信息化方式及时推送给服务对象。

【条款解读】

本条款对综合受理办理环节作出了规定。本条款要求综合受理窗口对网络平台和邮寄送达两种方式提交的申请材料，及时录入受理平台进行分发，受理结果、查询方式等应以信息化方式及时推送给服务对象。

【标准条款】

8.3.6 在办件量大、办事频次高且紧密关系民生的领域，宜开展延时服务。

【条款解读】

本条款对延时服务提出了要求。本条款要求对重点区域、重点项目可有针对性地提供个性化定制化服务。通过预约、轮休等办法，为企业和群众办事提供错时、延时服务和节假日受理、办理通道，有条件的地方可探索实行“5＋X”工作日模式。

【标准条款】

8.3.7 实行告知承诺的行政审批事项，收到申请后，综合受理窗口当通过告知承诺书向申请人告知下列内容：

——行政审批事项所依据的主要法律、法规、规章的名称和条款；

——准予行政审批应当具备的条件、标准和技术要求；

——需要申请人提交承诺材料的名称、方式和期限；

——申请人作出承诺的法律效力，以及逾期不作出承诺、作出不实承诺和违反承诺的法律后果。

【条款解读】

本条款列出了告知承诺书的主要内容。这些内容对于服务对象获知告知承诺是必不可少的，包括：行政审批事项所依据的主要法律、法规、规章的名称和条款；准予行政审批应当具备的条件、标准和技术要求；需要申请人提交承诺材料的名称、方式和期限；申请人作出承诺的法律效力，以及逾期不作出承诺、作出不实承诺和违反承诺的法律后果。

【标准条款】

8.4 后台审批

8.4.1 由综合受理窗口转交的受理材料，审批部门及时对受理材料的合法性、规范性进行审核，并在规定时限内依法作出处理决定。

【条款解读】

本条款对由综合受理窗口转交的受理材料后台审批提出了要求。本条款要求后台审批部门及时对受理材料的合法性、规范性进行审核，并在规定时限内依法作出处理决定。

【标准条款】

8.4.2 需多个部门开展联合办理的事项，各审批部门应在收到材料后同步开展事项办理，并在规定时限内办结。

【条款解读】

本条款对需多个部门开展联合办理的事项作出了要求，各审批部门应在收到材料后同步开展事项办理，并在规定时限内办结。

【标准条款】

8.4.3 及时公开各阶段办理信息，可通过短信、移动端等告知服务对象事项办理结果。

【条款解读】

本条款对审批各阶段的办理信息提出及时公开的要求，并通过短信、移动端告知办事群众和企业。

【标准条款】

8.5 统一出件

8.5.1 服务对象现场自取时，由审批部门将办理结果文书或证件转交出件窗口统一出件，出件窗口核对后发放办理结果文书或证件，并按要求办理交接签收。出件窗口在送达办理结果文书或证件成功后，及时与审批部门反馈送达结果情况。

【条款解读】

本条款对服务对象现场自取情形作出了规定。统一窗口出件是现场服务的闭环，服务对象现场自取时，由审批部门将办理结果文书或证件转交出件窗口统一出件，出件窗口核对后发放办理结果文书或证件，并按要求办理交接签收。出件窗口在送达办理结果文书或证件成功后，应及时与审批部门反馈送达结果情况。

【标准条款】

8.5.2　服务对象需快递送达，由出件窗口或审批部门委托快递企业寄递送达并登记送达状况。

【条款解读】

本条款对服务对象需快递送达情形作出了规定。本条款要求出件窗口或审批部门可通过快递企业寄递送达审批结果，并登记送达状况，减少办事群众和企业的上门次数。

【标准条款】

8.5.3　可通过电子签章技术，向服务对象出具电子文书、电子证照并提供网上验证渠道。

【条款解读】

本条款对数字化的办理结果文件提出了要求。本条款要求完善网上实名身份认证体系，明确电子证照、电子公文、电子印章法律效力。对于有需要签名等环节的事项，采用在网上办理的功能中植入电子签名功能，通过电子签章技术，向服务对象出具电子文书、电子证照并提供网上验证渠道，提高审批部门办事效率。

【标准条款】

8.6　结果公开

及时公开办事情况，可通过移动应用端和官方公众号告知服务对象。

【条款解读】

本条款对办理结果公开作出了规定。本条款要求及时公开办事情况，提高政府工作透明度，做到应公开、尽公开，可通过移动应用端和官方公众号告知服务对象。

第九节　监督检查与评价

【标准条款】

> 9　监督检查与评价
>
> 9.1　监督检查
>
> 9.1.1　可采取定期或不定期的抽样检查、抽点检查、定点检查等方式以及现场巡查、电子监察相结合的多种方式。

【条款解读】

本条款对监督检查的方式提出了要求。本条款规定，在监督检查方面，采取定期和不定期的抽样检查、抽点检查、定点检查等方式，并采用现场巡查、电子监察相结合的方式对服务的时限、质量、违法违纪、投诉处理等情况进行监督检查，适时进行通报。

【标准条款】

> 9.1.2　宜建立以信用承诺、信息公示为特点的监管模式，开展市场主体信用信息归集、共享和应用，与政府审批服务、监管处罚等工作衔接。

【条款解读】

本条款对监管模式提出了要求。本条款要求改变重审批轻监管的行政管理方式，把更多行政资源从事前审批转到加强事中事后监管上来。按照权责对等、权责一致和“谁审批谁监管、谁主管谁监管”原则，厘清审批和监管权责边界，强化落实监管责任，健全工作会商、联合核验、业务协同和信息互通的审管衔接机制。

【标准条款】

9.1.3 建立跨省市监管协作工作机制、跨区域违法行为监管协作工作机制。违法行为协查、违法线索及案件移送实现全程电子化，案件从录入到归档形成完整闭环。

【条款解读】

本条款对监管协作工作机制提出了要求。本条款要求以“双随机、一公开”为原则，积极推进综合监管和检查处罚信息公开。加快建立以信用承诺、信息公示为特点的新型监管机制，加强市场主体信用信息归集、共享和应用，推动全国信用信息共享平台向各级政府监管部门开放数据，并与政府审批服务、监管处罚等工作有效衔接。

【标准条款】

9.1.4 建立便民度审查机制，确定审查指标，开展便民度测评。审查内容主要包括：

——事项目录、指南编制、流程优化、窗口设置、系统建设、联动服务等落实情况；

——咨询导办、一窗受理、后台审批等现场服务情况；

——网上咨询、网上申请、网上办理、实时查询等网上服务情况；

——标识标志、功能区划、服务物品、服务礼仪、安全管理等服务大厅现场管理情况。

【条款解读】

本条款对便民度审查机制作出了规定。便民度是审批服务便民化的核心要素，是检验审批服务便民化公平性、规范性、简约性的重要指标。本条款列出了审批服务便民化审查的主要内容。

【标准条款】

> 9.1.5 建立“最多跑一次”“全程网办”“马上办”“就近办”事项审查细则，对事项完成情况进行审查。

【条款解读】

本条款对协同推进审批服务便民和监管方式创新，积极探索新型监管模式，落实监管责任，以更高效的监管促进更好地简政放权和政府职能转变，推动政府管理真正转向宽进严管，以企业和群众办好“一件事”为标准，进一步提升审批服务效能。建立审查细则提出以下要求：

（1）合法合规的事项“马上办”，减少企业和群众现场办理等候时间。

（2）积极推行“网上办”，凡与企业生产经营、群众生产生活密切相关的审批服务事项“应上尽上、全程在线”，切实提高网上办理比例。

（3）面向个人的事项“就近办”，完善基层综合便民服务平台功能，将审批服务延伸到乡镇（街道）、城乡社区等，实现就近能办、多点可办、少跑快办。

（4）推动一般事项“不见面”、复杂事项“一次办”，符合法定受理条件、申报材料齐全的原则上一次办结；需要现场勘察、技术审查、听证论证的，实行马上响应、联合办理和限时办结。

【标准条款】

> 9.1.6 建立督办机制，对流程优化、办事进程、环节衔接等方面进行统一督办。

【条款解读】

本条款对建立督办机制提出了要求。本条款要求推进综合行政执法体制改革，整合各类执法机构、职责和队伍，整合优化基层治理网格，实现“多网合一、一员多能”，提升监管督办能力。

【标准条款】

> 9.1.7 根据监督检查结果，实施纠正或预防措施，提高服务对象满意程度。

【条款解读】

本条款要求根据监督检查结果，实施纠正或预防措施，提高服务对象满意程度。

【标准条款】

> 9.2 评价
>
> 9.2.1 可采用自我评价或委托具有相关能力的第三方评价等方式对政务服务大厅和政务服务平台开展评价，宜每年度进行一次评价，并向社会公布。

【条款解读】

本条款对审批服务便民化的评价提出要求，本条款规定可采用自我评价或第三方评价等方式对群众和企业改革获得感开展评价。评价指标包括信息公开情况、事项动态管理情况、流程优化情况、办事效率情况等，并针对各种评价，提出整改建议、落实整改，建立持续改进的机制。评价工作宜每年度进行一次评价，并向社会公布。

【标准条款】

> 9.2.2 评价的主要内容：
>
> ——对政务服务大厅的评价，可参照GB/T 32169.4中的相关规定执行。
>
> ——对政务服务平台的评价，可参照《“互联网+政务服务”技术体系建设指南》中的相关规定执行。

【条款解读】

本条款对政务服务大厅和政务服务平台开展评价提出要求，可参照GB/T 32169.4《政务服务中心运行规范　第4部分：窗口服务评价要求》，通过以下方式对政务服务大厅开展评价：

——与服务对象面对面交流，服务对象对窗口实施办件评议，或事后回访等方式；

——电子监察系统中服务信息和监察信息；

——特聘监督员，可采取定期回访集中开会等方式；

——采用窗口互评、网上测评、手机短信平台、固定电话、第三方调查等方式。

可参照《“互联网＋政务服务”技术体系建设指南》，通过以下方式对政务服务平台开展评价：

——应从事项公开信息的完整性、事项办理的时效性、流程合法性和内容规范性等方面制定监察规则，对时效异常、流程异常、内容异常、裁量（收费）异常、廉政风险点异常等情况进行电子监察；

——应开展第三方评估，建立网上政务服务评估指标体系，包括服务方式完备度、服务事项覆盖度、办事指南准确度、在线服务深度、在线服务成效度等。

附　录　审批服务便民化相关国家标准

GB/T 21061—2007　国家电子政务网络技术和运行管理规范

GB/T 32168—2015　政务服务中心网上服务规范

GB/T 32169.1—2015　政务服务中心运行规范　第1部分：基本要求

GB/T 32169.2—2015　政务服务中心运行规范　第2部分：进驻要求

GB/T 32169.3—2015　政务服务中心运行规范　第3部分：窗口服务提供要求

GB/T 32169.4—2015　政务服务中心运行规范　第4部分：窗口服务评价要求

GB/T 36112—2018　政务服务中心服务现场管理规范

GB/T 36113—2018　政务服务中心服务投诉处置规范

GB/T 36114—2018　政务服务中心进驻事项服务指南编制规范

GB/T 37277—2018　审批服务便民化工作指南

ICS 35.240.01
L 67

中华人民共和国国家标准

GB/T 21061—2007

国家电子政务网络技术和运行管理规范

The specification of electronic government network technology and using management

2007-09-10 发布　　2008-03-01 实施

中华人民共和国国家质量监督检验检疫总局
中国国家标准化管理委员会　发布

前　　言

本标准由国务院信息化工作办公室提出。

本标准由全国信息技术标准化技术委员会归口。

本标准主要起草单位：北京市太极肯思捷信息系统咨询有限公司、中国电子技术标准化研究所、大唐电信科技产业集团、信息产业部电信研究院、中国网通集团、北京邮电大学、中国电信集团、浙江建达科技有限公司。

本标准主要起草人：李朝举、戈利、王智萍、王增学、孙军涛、白利强、徐一军、刘述、徐全平、卓兰、付强、邱雪松、牛莹、马少武、张保栋、马英铠、徐俊杰、何珺、牟清。

引　言

《国家信息化领导小组关于推进国家电子政务网络建设的意见》(中办发[2006]18号)提出，国家电子政务网络由基于国家电子政务传输网的政务内网和政务外网组成。政务内网由党委、人大、政府、政协、法院、检察院的业务网络互联互通形成，主要满足各级政务部门内部办公、管理、协调、监督和决策的需要，同时满足副省级以上政务部门的特殊办公需要；政务外网主要满足各级政务部门社会管理、公共服务等面向社会服务的需要。根据以上要求，为了规范国家电子政务网络建设，特制定本标准。

国家电子政务网络技术和运行管理规范

1 范围

本标准给出了国家电子政务网络总体结构，规定了国家电子政务网络的技术总体要求和运行管理要求。

本标准适用于国家电子政务网络建设和管理。

2 规范性引用文件

下列文件中的条款通过本标准的引用而成为本标准的条款。凡是注日期的引用文件，其随后所有的修改单(不包括勘误的内容)或修订版均不适用于本标准，然而，鼓励根据本标准达成协议的各方研究是否可使用这些文件的最新版本。凡是不注日期的引用文件，其最新版本适用于本标准。

GB/T 1988—1998 信息技术 信息交换用七位编码字符集(eqv ISO/IEC 646:1991)

GB/T 2260 中华人民共和国行政区划代码

GB/T 7611—2001 数字网系列比特率电接口特性

GB/T 9361—1988 计算站场地安全要求

GB/T 15941 同步数字体系(SDH)光缆线路系统进网要求(GB/T 15941—1995,neq ITU TG.958)

GB/T 15629.3 信息处理系统 局域网 第3部分:带碰撞检测的载波侦听多址访问(CSMA/CD)的访问方法和物理层规范(GB/T 15629.3—1995,idt ISO/IEC 8802-3:1990)

GB 18030—2005 信息技术 中文编码字符集

YDN 026—1997 SDH数字通道和复用段的投入业务和维护性能限值

YDN 099—1998 光同步传送网技术体制(暂行规定)

YD/T 748—1995 PDH数字通道差错性能的维护限值

YD/T 1078—2000 SDH传输网技术要求 网络保护结构间的互通

YD/T 1167—2001 STM-64分插复用(ADM)设备技术要求

YD/T 1170—2001 IP网络技术要求 网络总体

YD/T 1171—2001 IP网络技术要求 网络性能参数与指标

YD/T 1238—2002 基于SDH的多业务传送节点技术要求

YD/T 1267—2003 基于SDH传送网的同步网技术要求

YD/T 1289.2—2003 同步数字体系(SDH)传送网网络管理技术要求 第2部分:EMS系统功能部分

YD/T 1299—2004 同步数字体系(SDH)网络性能技术要求 抖动和漂移

YD/T 1345—2005 基于SDH的多业务传送节点(MSTP)技术要求——内嵌RPR功能部分

YD/T 1420—2005 基于2 048 kbit/s系列的数字网抖动和漂移技术要求

BMB 5—2006 涉密信息设备使用现场的电磁泄漏发射防护要求

BMB 17—2006 涉及国家秘密的信息系统分级保护技术要求

ITU-T G.114 单向传输时间

ITU-T G.7042/Y.1305 虚级联信号的链路容量调整方案

ITU-T Q.811 Q3接口的下三层规范(包括1996年修改/增补稿)

ITU-T Q.812 Q3接口的上四层规范

RFC 1213 基于TCP/IP的互联网的网络管理的管理信息库:MIB-Ⅱ

RFC 1901　介绍基于社团的 SNMPv2
RFC 1910　SNMPv2 的基于用户的安全模型
RFC 2574　SNMPv3 的基于用户的安全模型
RFC 2578　管理信息结构版本 2 (SMIv2)
RFC 3418　简单网络管理协议(SNMP)的管理信息库(MIB)

3　缩略语

BGP-4　边界网关协议版本 4 (Border Gateway Protocol-4)
IPER　IP 包差错率(IP Packet Error Ratio)
IPDV　IP 包时延变化(IP Packet Delay Variation)
IPLR　IP 包丢失率(IP Packet Loss Ratio)
IPTD　IP 包传输时延(IP Packet Transfer Delay)
IP-VPN　IP 虚拟专用网(IP-Virtual Private Network)
IS-IS　中间系统-中间系统协议(Intermediate System-to-Intermediate System)
MSTP　多业务传送平台(Multi-Services Transfer Platform)
MPLS　多协议标记交换(Multi-Protocol Label Switching)
OSPFv2　开放的最短通路优先版本 2(Open Shortest Path First v2)
PDH　准同步数字体系(Plesiochronous Digital Hierarchy)
RPR　弹性分组环(Resilient Packet Ring)
SDH　同步数字体系(Synchronous Digital Hierarchy)
STM　同步传送模块 (Synchronous Transport Module)
VC　虚容器 (Virtual Container)
VLAN　虚拟局域网(Virtual Local Area Network)

4　网络结构

国家电子政务网络由基于国家电子政务传输网的政务内网和政务外网组成。统一的国家电子政务传输骨干网由各级电子政务传输骨干网共同形成。政务内网和政务外网都是电子政务的业务网络。政务内网与政务外网之间不连接,政务内网与互联网之间不连接;政务外网是电子政务的专用业务网络,政务外网可与互联网之间安全连接。

5　国家电子政务网络基本要求

5.1　传输骨干网基本要求

a)　由城域传输网和广域传输网构成;
b)　为政务内网和政务外网提供专用传输的网络;
c)　宜采用基于 SDH 的 MSTP 技术构建传输骨干网;
d)　城域传输网宜采用核心层、汇聚层、接入层的结构;
e)　支持政务内网与互联网之间不连接,支持政务内网和政务外网不连接,支持不同业务网络间的相互独立;
f)　广域传输网的电路宜采用线性复用段保护方式,对于自愈环保护方式,跨环业务采用双节点互连的方式;
g)　广域传输网宜采用物理路由分离的两条电路来提供 1+1 全网保护方式,两条电路在技术要求和性能等要求方面应保持一致;
h)　广域传输网的电路应符合传输距离较短、转接次数较少和经过传输节点较少等要求;

i) 应具有多业务承载能力，提供多种业务类型接口和丰富的传输颗粒；

j) 应具有高可靠性、快速网络自愈能力和设备级的保护能力；

k) 应具有可扩展性，在不影响原有承载业务的前提下，能够进行平滑方便的升级和扩容。

5.2 业务网络基本要求

a) 业务网络基于国家电子政务传输骨干网构建；

b) 应基于 TCP/IP 技术组建业务网络，宜采用 IP 网络和 MPLS 网络技术实现；

c) 业务网络为分层的网络结构，其网络结构利于路由聚合；

d) 可提供语音、数据、流媒体等应用的承载能力，同时提供相应的服务质量保障；

e) 应保证不同应用的业务网络间相互独立，可采用 VC、VLAN、IP-VPN 等方式实现隔离；

f) 应具有高可靠性、快速网络自愈能力、冗余保护能力；

g) 应具有可管理性，支持分级管理；

h) 应具有可扩展性。

6 网络互通

6.1 传输骨干网间互通

6.1.1 基本要求

基于 SDH 的 MSTP 网络技术组建的传输骨干网之间实现互通时，两个互通节点的传输设备间可直接通过指定接口实现互通。两个互通节点的传输设备间也可采用分别与指定数据设备连接的方式实现互通。

6.1.2 技术要求

传输骨干网间的互通应采用 PDH(E1)、SDH 接口(STM-N，N＝1/4/16/64)和以太网接口(10 Mbit/s、100 Mbit/s 和 1 000 Mbit/s)接口。

PDH 接口应遵循 GB/T 7611—2001 第 6 章中规定的速率序列和接口标准；SDH 接口应遵循 YDN 099—1998第 9 章和 YD/T 1167—2001 第 7 章中规定的速率序列和接口标准，VC 级联方式和以太网帧映射方式应满足 YD/T 1238—2002 第 5 章的要求；以太网接口应遵循 GB/T 15629.3 中规定的速率序列和接口标准。

6.2 业务网络互通

6.2.1 基本要求

a) 网络层的互通，要求路由可达；

b) 应保证可扩展性、可靠性和安全性；

c) 根据不同应用可提供不同 QoS 保障及路由策略。

6.2.2 技术要求

a) 业务网络互通的技术要求符合 YD/T 1170—2001；

b) 各系统业务网络宜设置成独立自治域；

c) 业务网络间宜采用外部路由协议 BGP-4；

d) 业务网络内宜采用内部路由协议 OSPF 或 IS-IS。

6.2.3 业务网络与传输骨干网连接要求

传输骨干网与业务网络间的连接包括广域传输网与业务网络、城域传输网与业务网络间的连接。对于与广域传输网连接的业务网络，宜采用不同的物理接口与具有 1+1 保护方式的广域传输网的传输设备实现连接。

业务网络设备(如路由器)与传输骨干网设备间(如 MSTP 设备)应采用 PDH(E1)、SDH 接口(STM-N，N＝1/4/16/64)和以太网接口(10 Mbit/s、100 Mbit/s 和 1 000 Mbit/s)连接。

PDH 接口应遵循 GB/T 7611—2001 第 6 章中规定的速率序列和接口标准；SDH 接口应遵循

YDN 099—1998第9章和YD/T 1167—2001第7章中规定的速率序列和接口标准，VC级联方式和以太网帧映射方式应满足YD/T 1238—2002第5章的要求；以太网接口应遵循GB/T 15629.3中规定的速率序列和接口标准。

7 服务质量

7.1 传输骨干网服务质量

7.1.1 网络服务质量要求

a) 网络监控及故障受理

系指利用网管系统对传输骨干网进行实时监控，接受并处理故障工单。

应提供7×24 h（每周7天，每天24 h）的网络监控及故障受理。

b) 传输骨干网业务开通时限

系指在确认用户网络结构或组网方案后，在资源具备（两端用户配合、两端用户的接入完成且两端用户MSTP设备安装调测完毕，并完成到用户网络设备的连接）的情况下，从派发工单开始至电路完成开通的时间。

业务开通时限应小于或等于3个工作日。

c) 业务变更时限

在资源具备（两端用户配合、两端用户的接入完成且两端用户MSTP设备安装调测完毕，并完成到用户网络设备的连接）的情况下，从派发工单开始至完成业务变更的时间。

业务变更时限应小于或等于10个工作日。

d) 故障申告受理确认回复时间

系指从接到用户故障申告，至用户收到确认回复的时间。

故障申告受理确认回复时间应小于或等于15 min。

e) 故障响应率

系指统计周期内（故障响应回复次数/故障申告次数）×100%，统计周期为1年。

故障响应率应达到100%。

f) 节点故障的抢修恢复时间

系指在有维护人员值守的节点，在传输设备板卡发生硬件故障并有备品备件的情况下，从节点故障发现至恢复的时间。

节点故障的抢修恢复时间应小于或等于4 h。

g) 光缆故障的业务恢复时间

系指从发现干线光缆故障至用户电路恢复的时间。

光缆故障的业务恢复时间应小于或等于4 h。

h) 故障恢复及时率

系指针对节点故障和光缆故障，统计周期内及时恢复的故障次数/故障总次数×100%，统计周期为一年。

故障恢复及时率应达到95%。

i) 故障恢复率

系指统计周期内（恢复的故障次数/故障总次数）×100%，统计周期为1年。

故障恢复率应达到100%。

7.1.2 网络性能要求

a) 误码性能

PDH通道的投入业务误码性能、性能降质限值、性能不可接受限值的要求应满足YD/T 748—1995中的相关规定；SDH通道的投入业务误码性能、性能降质限值、性能不可接受限值的要求应满足 YDN 026—1997 中的相关规定；SDH 复用段的投入业务误码性能、性能降质限值、性能不可接受限值的要求应满足 YDN 026—1997 中的相关规定。

b） 抖动性能

STM-N(N＝1/4/16/64)和 PDH(E1)网络接口的输出抖动限值和输入抖动容限应满足 YD/T 1299—2004和 YD/T 1420—2005 中的相关规定。

c） 网同步性能

网络的频率准确度、输出接口漂移的网络限值、网同步性能降质和不可用要求应满足 YD/T 1267—2003 的要求。

d） 传输时延

单向传输时延要求应满足 ITU-T G.114 中的相关规定。

e） 电路可用性

电路可用性是指在一年内，用户电路实际可用时间的占比，具体计算公式如下：

$$用户电路可用性=\frac{60\times 24\times 统计周期的天数\times 用户电路数量-\sum(不可用分钟数)}{60\times 24\times 统计周期的天数\times 用户电路数量}\times 100\%$$

其中，不可用分钟数是指发现用户电路中断或接到用户申告电路中断开始，到电路恢复的时间。中央级传输骨干网的电路可用性应达到 99.99%。电路不可用不包括以下情况：

1） 用户原因导致的电路不可用，如用户自有设备以及线路不可用；

2） 进行必要的网络割接、测试导致的不可用。

7.2 业务网络服务质量

7.2.1 网络服务质量要求

a） 业务网络监控及故障受理

系指利用网管系统对业务网络进行实时监控，接受并处理故障工单。

应提供 7×24 h(每周 7 天，每天 24 h)的网络监控及故障受理。

b） 业务网络业务开通时限

系指在确认用户网络结构或组网方案后，在资源具备(两端用户配合、两端用户的接入完成且两端用户数据设备接入调测完毕，并完成到用户数据设备的连接)的情况下，从派发工单开始至电路完成开通的时间。

业务开通时限应小于等于 3 个工作日。

c） 业务网络业务变更时限

在资源具备(两端用户配合、两端用户的接入完成且两端用户数据设备接入调测完毕，并完成到用户数据设备的连接)的情况下，从派发工单开始至完成业务变更的时间。

业务变更时限应小于等于 3 个工作日。

d） 故障申告受理确认回复时间

系指从接到用户故障申告，至向用户回复确认收到故障申告的时间。

故障申告受理确认回复时间应小于等于 15 min。

e） 故障响应率

系指统计周期内(故障响应回复次数/故障申告次数)×100%，统计周期为 1 年。

故障响应率应达到 100%。

f） 节点故障的抢修恢复时间

系指在有维护人员值守的节点，在数据设备板卡发生硬件故障并有备品备件的情况下，从节点故障发现至恢复的时间。

节点故障的抢修恢复时间应小于等于 4 h。

g) 故障恢复及时率

系指针对节点故障,统计周期内(及时恢复的故障次数/故障总次数)×100%,统计周期为1年。

故障恢复及时率应达到95%。

h) 故障恢复率

系指统计周期内(恢复的故障次数/故障总次数)×100%,统计周期为1年。

故障恢复率应达到100%。

7.2.2 网络性能要求

a) IP包传输时延

IP包传输时延是指网上两个用户/网络接口间(不包括两边的用户内部网络)IP包传输的性能指标,由传输时延和插入时间组成。具体要求见YD/T 1171—2001第7章、第8章。

b) IP包时延变化

两点间IP包时延变化指在一段较短的测量时间间隔内,最大IPTD与最小IPTD的差值。具体要求见YD/T 1171—2001第7章。

c) IP包误差率

IP包误差率是错误IP包传送结果与成功IP包传送结果加错误IP包传送之和的比值。IP包误差率具体要求见YD/T 1171—2001第7章。

d) IP包丢失率

IP包丢失率是丢失的IP包传送结果与所有IP包的比值。具体要求见YD/T 1171—2001第7章。

e) 虚假IP包率

一个出口MP(测量点)的虚假IP包率指在一个特定时间间隔内在该MP上观测到的虚假IP包数量除以该时间间隔。具体要求见YD/T 1171—2001第7章。

8 网络管理

8.1 传输骨干网网络管理

8.1.1 网络监控系统管理功能

网络监控系统应满足YD/T 1238—2002、YD/T 1289.2—2003、YD/T 1345—2005的要求,应具备以下管理功能:

a) 配置管理:对传输电路的指配和网络配置管理。电路指配即指电路的建立、修改、查询和删除。
b) 性能管理:对传输骨干网设备和电路的各种性能数据进行采集、存储和分析,并给出分析结果。
c) 故障管理:对电路的运行情况进行监视,对电路出现的故障进行处理,包括告警的监视与显示、告警过滤、告警信息定位、告警信息存储等功能。
d) 资源管理:对传输骨干网电路等资源数据进行管理。
e) 安全管理:包括用户管理、权限控制和登录日志管理等。

8.1.2 网络监视系统管理功能

若需要,应提供传输骨干网网络监视系统,对传输骨干网所用的特定设备、电路和系统进行集中监视。网络监视系统应满足YD/T 1238—2002、YD/T 1289.2—2003、YD/T 1345—2005的要求,应具备以下管理功能:

a) 告警实时监视、告警收集与显示、告警查询与统计、告警显示过滤和告警同步功能;
b) 性能监视、性能数据上报和性能数据查询;
c) 拓扑视图、网络浏览、网络监视和拓扑编辑功能;

d) 业务配置信息上报和查询、业务保护倒换状态查询；

e) 安全管理：用户管理、权限控制和登录日志管理。

8.1.3 网络管理接口

MSTP设备之间及MSTP设备与网管系统之间的通信接口采用ITU-T Q.811和Q.812规定的无连接模式协议栈或TCP/IP协议栈。

8.1.4 网络管理性能要求

网络管理性能要求如下：

a) 应提供网管数据的备份功能，包括自动和手工备份，需要时可将备份数据恢复；

b) 应对未授权操作人员进行限制；

c) 应保证网管与被管网络数据的一致性；

d) 网络设备运行正常情况下，告警平均响应时间（指从网元发生告警到显示告警）不大于20 s。在系统满负荷情况下，告警响应时间应不大于以上指标的150%；

e) 各种日志文件应至少能保存12个月的事件；

f) 采集到的原始告警信息保存时间不小于1个月；原始性能信息保存时间不小于3个月；处理后的告警数据、性能数据保存时间不小于3个月；各类统计分析结果数据保存时间不小于6个月；

g) 时间戳的精度为1 s。

8.2 业务网络网络管理

8.2.1 网络管理功能

a) 配置管理

包括对路由器、IP-VPN等IP网络设备和业务的配置管理。至少应包括以下内容：

1) 根据用户需求查询、修改路由器设备的系统信息、路由信息及接口信息，并对已配置完毕的信息进行备份；

2) 查询、修改IP-VPN业务信息，并对已配置完毕的信息进行备份。

b) 性能管理

性能管理至少应包括如下内容：

1) 性能监控：包括定时/非定时采集线路和路由器的流量、延迟、丢包率、CPU利用率、内存余量等性能参数，并生成性能报告；

2) 设置性能监视门限值：当性能参数越过一定的门限值时，发出告警通知；

3) 性能分析：对性能数据进行分析、统计，计算性能指标。

c) 故障管理

故障管理至少应包括如下内容：

1) 故障信息采集：采集网元设备的告警信息，包括设备故障告警、链路故障告警、各种门限告警、设备/端口/链路状态变化告警等；

2) 故障监视：对网元和网络路由进行监视，出现故障时进行显示；

3) 故障处理过程管理：记录排错行为，包括故障产生、变化、消除过程；

4) 故障信息的查询与统计。

8.2.2 网络管理接口

8.2.2.1 IP网网元网络管理接口

IP网网元应提供基于SNMP协议的网络管理接口，应符合RFC 1213、RFC 1901、RFC 1910、RFC 2574、RFC 2578、RFC 3418等规范。

8.2.2.2 业务网络管理间的接口

业务网络网络管理系统之间存在接口，能够根据要求进行网管信息的交互，包括配置、故障和性能数据。

该接口可选择开放的国际协议标准，如CORBA、Web Services等标准接口。

8.2.3 网络管理性能要求

业务网络与传输骨干网的网络管理性能要求相同，具体见8.1.4。

8.3 网管网络安全要求

网管网络信息通道可采用带内或带外方式，安全要求如下：

a) 应保证网管系统数据安全、可靠；

b) 应确保网管系统与设备之间、网管系统之间的管理信息通信的畅通（例如采用双网关接入、ECC冗余路由）；

c) 网管网络应与公共数据网隔离，确保网管数据的安全[例如采用专门的数据通信网(DCN)]。

9 IP地址和域名

9.1 IP地址划分

9.1.1 原则

a) 国家电子政务网络地址统一规划，中央和地方分级管理，支持各部门、各地方网络的互联互通；

b) IP地址的分配应具有层次性、连续性，以提高IP地址利用率、减少路由表表项。

9.1.2 政务内网地址

政务内网网络地址分为三类：系统地址、共享地址和互联地址。各部门内部网络使用系统地址，部门间、系统间网络互通使用共享地址或互联地址。

a) 系统地址：是指部门内部网络的设备地址和接入政务内网所需使用的地址，包括个人主机地址、部门网络设备地址、部门应用服务器地址等。

b) 共享地址：是指用于政务内网中提供信息服务的主机地址。

c) 互联地址：包括链路地址（网络设备间的点对点互联地址）和设备管理地址。对未使用本规划地址的网络设备，在连接政务内网进行设备地址转换时，采用互联地址。互联地址分配到用户接入设备的上连（网络侧）端口，不包含用户内部网络接入政务内网所使用的地址。

9.1.3 政务外网地址

政务外网的网络地址包括用户地址和互联共享地址。各部门内部网络使用用户地址，部门间、系统间网络互通使用互联共享地址。

a) 用户地址：是指部门内部网络的设备地址和接入政务外网所需使用的地址，包括个人主机地址、部门网络设备地址、部门应用服务器地址等。此地址作为政务外网内部地址专用，不使用于互联网。

b) 互联共享地址：是指政务外网中提供信息服务的主机地址，该地址能够在整个政务外网范围内被访问。互联共享地址包括链路地址（网络设备间的点对点互联地址）和设备管理地址，互联共享地址分配到用户接入设备的上连（网络侧）端口。

9.2 域名管理

9.2.1 原则

a) 国家电子政务网络的域名系统统筹规划，中央和地方分级管理。

b) 域名命名主要采用中文域名，辅以英文域名。中文域名的命名应符合中文书写的特点。

c) 政务内网域名系统采用三级域名管理，政务外网域名系统可采用多级域名管理。

9.2.2 中文域名

9.2.2.1 使用原则

a) 不使用含有“China”、“Chinese”、“CN”、“National”、“中国”、“中华”字样的名称；

b) 不应使用其他国家或地区名称、国外地名、国际组织名称；

c) 不应使用行业名称或商品名称；

d) 不应使用他人已在中国注册过的企业名称或者商标名称；

e) 不应使用对国家、社会或者公共利益有损害的名称。

9.2.2.2 语法

中文域名语法规则如下：

域：：＝〈子域〉

〈子域〉：：＝〈顶级域〉|〈子域〉〈分隔符〉〈标记〉

〈分隔符〉：：＝ .|。

〈顶级域〉：：＝〈汉字串〉

〈汉字串〉：：＝〈汉字〉|〈汉字串〉〈汉字〉

〈标记〉：：＝〈字符〉|〈标记〉〈字符〉

〈字符〉：：＝〈汉字〉|〈字母〉|〈数字〉|〈连字符〉

〈字母〉：：＝[A..Z]|[a..z]

〈数字〉：：＝[0..9]

〈连字符〉：：＝ -

在中文域名中，不区分英文字母大小写，即 A 和 a 在域名中是等同的。域名必须以汉字或字母或数字开始，以汉字或字母或数字结束，内部可以使用汉字、字母、数字和连字符。域名字段必须小于 64 个字节。

字母、数字、“.”和连字符是指 GB/T 1988—1998 中规定的字符，汉字和“。”是指 GB 18030－2005 中规定的字符。

为了区分中文域名和英文域名，所输入的中文域名应当至少出现一个非 GB/T 1988—1998 的字符。

9.2.3 结构

中文域名采用三级结构。其中地方名称按照 GB/T 2260 的规定命名。

9.2.4 英文域名

英文域名使用原则同中文域名使用原则，见 9.2.2.1。

10 网络安全

10.1 环境和设备安全

国家电子政务网络的各类机房的供配电系统、空调系统、防静电、防雷、消防、防水等方面建设符合 GB/T 9361—1988，并应达到 GB/T 9361—1988 的 A 类或 B 类要求。

对电子政务网络中的设备应实施设备的防盗、防毁、防电磁辐射泄漏、抗电磁干扰及电源保护等。承载涉密信息系统的设备的电磁泄漏发射防护应依据 BMB 5—2000 进行。

10.2 传输骨干网网络安全

传输骨干网应具有网络保护功能，可选用的网络保护功能包括：

a) 线性复用段保护倒换功能；

b) 复用段共享保护环保护倒换功能；

c) 通道保护环的倒换功能；

d) 线性通道保护倒换功能；

e) 子网连接保护(SNCP)的保护倒换功能；

f) 基于链路容量调整机制(LCAS)的保护倒换功能。

网络保护的实现机制、保护目标、倒换准则、倒换命令、保护倒换协议和保护倒换时间应符合 GB/T 15941 的要求。

两个或两个以上的SDH网络保护结构间进行互通时，应支持双节点互连结构，并保证端到端的业务可用性和具有抵抗各种失效事件的能力。互通的结构和准则应满足YD/T 1078—2000的规范。

LCAS的基本方法、控制包定义、基本操作过程、性能要求以及管理要求等应满足ITU-T G.7042/Y.1305。

10.3 业务网络网络安全

10.3.1 概述

业务网络应具备结构安全、网络访问控制、网络安全审计、边界完整性检查、网络入侵防范、恶意代码防范以及网络设备防护的能力，并根据承载信息系统安全等级要求进行网络传输数据的保密性和完整性保护。

10.3.2 分级分域保护

业务网络应根据连接范围的不同和承载信息系统的安全等级的不同，划分不同的安全区域，并根据等级保护要求，实施不同强度的安全保护。

10.3.3 网络边界防护

业务网络不同安全域的边界应划分明确，并应采用与安全等级相匹配的网络边界安全防护措施进行防护。可选用的安全措施包括网络隔离、VPN网关、防火墙、入侵检测、安全监控、安全审计、防病毒网关等。

政务外网与互联网的接口应建立安全隔离区，可采用防火墙、信息过滤、入侵检测、入侵监控、安全审计、防病毒网关等安全措施防范来自互联网的安全威胁和防止内部敏感信息的外泄。

10.3.4 其他

承载涉密信息系统的业务网络应按照BMB 17—2006执行。

业务网络中密码的配备、使用和管理等，应执行国家密码管理的有关规定。

11 运行管理

11.1 概述

国家电子政务网络的运行管理组织应向各类网络用户提供服务，包括服务受理、网络监控、变更管理、故障处理、资源管理、性能管理和报告管理。

11.2 运行管理组织职责

a) 服务受理
  1) 受理用户提出的服务请求；
  2) 记录服务请求信息和用户的意见；
  3) 对职责内的服务请求进行处理；
  4) 跟踪或监控服务请求处理过程并向用户反馈；
  5) 与用户确认并关闭服务请求；
  6) 提供故障统计等信息。

b) 网络监控
  1) 负责对网络运行情况进行实时监控；
  2) 负责发现和报告网络故障；
  3) 负责任务单的资源配置并组织完成；
  4) 负责网管系统技术资料的收集、整理和归档工作。

c) 技术支持
  1) 负责网络的维护、安全运行和支撑工作；
  2) 对网络故障进行诊断和排查；
  3) 组织实施业务变更；

4) 制定维护作业计划并落实；

5) 负责网络资源动态维护管理；

6) 形成网络运行分析报告；

7) 负责网络的评估，提出升级、改造方案并组织实施；

8) 制定网络应急保障预案并进行演练、实施；

9) 负责收集、整理下一级上报的数据，形成报告，并上报上一级；

10) 负责技术资料的收集、整理和归档工作。

11.3 服务内容

11.3.1 服务受理

a) 受理用户的所有服务请求，如业务咨询、业务变更和故障申告等；

b) 应答用户提出的业务咨询；

c) 对于用户提出的网络业务申请和故障申告，启动变更管理和故障管理服务，并跟踪服务过程，及时向用户反馈处理状态和结果；

d) 记录服务请求的各种信息。

11.3.2 网络监控

a) 对电子政务网络进行实时监视，及时发现故障并组织处理和跟踪反馈。

b) 实时监控各项网络运行性能指标。

c) 当出现网络设备告警或性能劣化告警时，应记录告警发生时间、告警类型、告警信息、告警发现人等信息，并初步判断告警是否影响电子政务网络的使用。必要时启动故障管理服务。

11.3.3 变更管理

运行管理组织应对变更申请进行处理，变更包括网络接入、业务开通、业务关闭和业务变更：

a) 网络接入

受理用户网络接入申请，并进行网络接入操作，更新资源管理信息库，并向用户反馈网络接入操作完成信息。

b) 业务开通

受理用户提出业务开通申请，并进行业务开通操作，更新资源管理信息库，并反馈用户。

c) 业务关闭

受理用户业务关闭申请，并进行业务关闭操作，更新资源管理信息库，并反馈用户。

d) 业务变更

受理用户业务变更申请，并进行业务变更操作，更新资源管理信息库，并反馈用户。

11.3.4 故障管理

11.3.4.1 故障处理

各级运行管理组织受理本级的故障申告。故障处理流程如下：

a) 接到故障申告后，应记录故障信息，并生成故障单。故障单的内容至少包括：电子政务网络用户标识码、业务类型、电路代号、用户名称、业务通达方向，故障发生时间，故障现象描述，申告人或联系人等信息。

b) 对故障进行预处理。

c) 对于重大故障，应启动应急预案，并及时分析总结故障处理情况。

d) 应及时向故障申告人反馈故障进程。

e) 故障解决后，进行记录并与故障申告人确认故障解决。

11.3.4.2 故障处理升级

各级运行管理组织应制定故障升级制度。故障升级原则以故障对用户业务的影响程度为依据，在同级内升级。如有必要，应向上一级运行管理组织提交升级报告，并对故障升级情况进行记录。故障升级记录中应包括:故障的上报人、升级时间、升级对象、通报内容、升级反馈时间及修复时间等。故障报告内容应包括:严重影响用户通信的网络故障、故障处理超时、疑难故障处理不当等信息。

需升级的电子政务骨干传输网重大故障分为四类:

a) Ⅰ类:电子政务网络重大通信故障,网间通信故障,各种自然灾害、突发事件等导致大量业务受阻的故障;

b) Ⅱ类:由于网络资源提供者的原因造成电子政务网络业务全阻或部分阻断;

c) Ⅲ类:重要电路在通信保障期间发生的故障;

d) Ⅳ类:由于网络资源提供者的原因造成的超时故障。

需升级的业务网络重大故障分为四类:

a) Ⅰ类:网络完全拥塞;

b) Ⅱ类:网络处理能力及用户的业务运作有严重影响;

c) Ⅲ类:网络故障对重要的用户业务运作造成影响;

d) Ⅳ类:网络故障对多数用户业务运作造成影响。

11.3.4.3 故障报告

故障处理完成后,应以多种形式(例如书面形式)提供统一格式的故障处理报告和网络质量运行报告,并由运行管理组织提供给用户。故障处理报告应至少包括:用户名称、用户编码、故障申告时间、业务恢复时间、故障历时、故障处理过程、故障原因、处理结果及改进措施或建议。网络质量运行报告应至少包括电子政务网络整体运行情况、租用电路运行报表、用户故障申告报表、重点故障原因分析、措施及建议。

下级运行管理组织应定期汇总上述报告并上报上级运行管理组织。

11.3.5 资源管理

11.3.5.1 各级运行管理组织应建立资源管理信息库,对电子政务网络资源进行记录和统一管理。资源管理信息库记录的信息应至少包括:系统配置、网络拓扑结构、网络 IP 地址使用情况、设备型号、端口资源、板卡型号、编码信息、软件配置、位置信息。

11.3.5.2 运行管理组织在向用户提供服务的过程中,应及时更新资源信息管理库,并保留修改记录。

11.3.5.3 运行管理组织应每季度向相关用户提供资源管理报告。资源管理报告应至少包括:资源清单、资源变更情况。下级运行管理组织应定期向上级运行管理组织提供本级的资源管理报告。

11.3.6 性能管理

11.3.6.1 运行管理组织应提供相关网络的性能分析报告和性能优化建议报告。

11.3.6.2 运行管理组织应向用户提交性能分析报告和性能优化建议报告。

11.3.6.3 针对性能优化建议报告与用户进行充分的沟通,由用户确定是否实施。如需实施,则协调共同完成实施操作并由用户验收。

11.3.7 报告管理

运行管理组织应提供定期和不定期两种报告。其中:

a) 定期报告

   1) 季度运行报告:包括每季度内电子政务网络和设备的整体性能,各项服务执行情况,下个季度服务改进计划和性能优化建议。季度运行报告应在每季度初提交。

   2) 年度运行报告:包括上一年度电子政务网络和设备的年度整体性能,整体服务情况总结,下一年度服务改进计划和性能优化建议。每年一月份提供上一年度运行报告。

   3) SLA 报告:根据 SLA 协议,按期(按月或年度)向用户/运行管理组织提供 SLA 报告,主要包括:实际完成的 SLA 情况及测算方法;实际完成情况和 SLA KPI 指标的对比;服务提升措施。

b) 不定期报告

1) 故障管理、变更管理、资源管理服务过程中提交的报告。包括故障处理报告、变更管理报告、资源管理报告等。

2) 用户应及时反馈各种交付报告的意见和建议。

3) 各级运行管理组织将该级及下一级的上述报告进行搜集整理后,向上一级运行管理组织上报。

4) 各级运行管理组织应对重要信息进行保存。这些信息包括:网络运行报告、统计分析数据、重大故障记录、网络资源数据。

11.4 服务质量管理控制

运行管理组织应通过书面、电子化等手段,对所有与服务相关的信息、服务数据进行记录和保存。

各级运行管理组织应制定各种规范和制度。这些规范和制度包括:各种操作规范、行为规范、语言规范、人员管理制度、考核管理制度、文档管理制度、保密管理制度等。

11.5 运行信息化支撑系统

各级运行管理组织宜建设运行信息化支撑系统,实现网络/服务数据的实时展现和服务过程管理的电子化管理。

运行信息化支撑系统分为以下几个功能模块:

a) 交互接口

提供给用户和运行管理组织的一个交互界面,用户可通过 web 门户提交服务请求,查询服务请求处理状态,并可定制、下载各种服务报告。

b) 服务管理

实现服务流程管理功能,包括服务台和值班管理、用户信息管理、故障管理、变更管理、资源管理、报告管理、服务级别管理、知识库等功能。

c) 监控

实现网络展现和监控功能,并能实现监控和故障管理的联动。

d) 接入

实现各种网管监控系统接入运行支撑系统的安全通道。

运行信息化支撑系统需预留与其他运行管理组织的运行管理支撑系统的接口、网管监控系统及售后服务系统的接口。运行信息化支撑系统由建设该系统的运行管理组织负责日常维护和管理。

ICS 01.040.03
A 12

中华人民共和国国家标准

GB/T 32168—2015

政务服务中心网上服务规范

The specification for online service of administrative service centre

2015-10-12 发布　　　　2016-05-01 实施

中华人民共和国国家质量监督检验检疫总局
中国国家标准化管理委员会　发布

前　言

本标准按照 GB/T 1.1—2009 给出的规则起草。

本标准由全国服务标准化技术委员会(SAC/TC 264)提出并归口。

本标准起草单位:中国标准化研究院、镇江市政务服务管理办公室、镇江市标准化协会、深圳市政务服务管理办公室。

本标准主要起草人:戚亚新、蒋乃平、杨朔、李涵、张敏、戴红燕、关文刚。

政务服务中心网上服务规范

1 范围

本标准规定了政务服务中心网上服务的基本原则、服务提供、服务保障、评价改进。

本标准适用于各级政务服务中心网上服务的建设和管理。

2 规范性引用文件

下列文件对于本文件的应用是必不可少的。凡是注日期的引用文件,仅注日期的版本适用于本文件。凡是不注日期的引用文件,其最新版本(包括所有的修改单)适用于本文件。

GB/T 21061 国家电子政务网络技术和运行管理规范

3 术语和定义

下列术语和定义适用于本文件。

3.1

政务服务中心 administrative service centre

行政服务中心

地方各级人民政府设立的,集中办理本级政府权限范围内的行政许可、行政给付、行政确认、行政征收以及其他服务项目的综合性管理服务机构。

[GB/T 32170.1,定义 3.1]

3.2

进驻部门 the department into the service centre

进入**政务服务中心**(3.1),为自然人、法人和其他组织提供行政许可,以及其他公共服务项目的政府部门和相关服务单位。

3.3

政务服务中心实体大厅 entity administrative service lobby

政务服务中心(3.1)现场提供各类综合性政务服务的场所。

3.4

政务服务中心网上大厅 online lobby of administrative service centre

政务服务中心(3.1)通过网络平台提供各类综合性政务服务的数字虚拟空间。

3.5

场景式服务 scene-mode service

以简明、形象的导航方式,通过动画模拟实体大厅的办理场景,创建虚拟的办事环境,为服务对象提供体验式的网上服务。

3.6

进驻事项　matters

进入**政务服务中心**(3.1)办理的行政许可和公共服务项目。

3.7

即办事项　directly handling matters

当场受理办结的**进驻事项**(3.6)。

3.8

承诺事项　commitment matters

需在一定的承诺期限内完成的**进驻事项**(3.6)。

3.9

联办事项　joint handling matters

需经两个或两个以上部门联合办理或协同办理的**进驻事项**(3.6)。

3.10

证书认证机构　certificate authority;CA

负责创建和分配证书,受用户信任的权威机构。用户可以选择该机构为其创建密钥。

[GB/T 16264.8,定义 3.3.16]

4 基本原则

4.1 公开性

及时、准确、全面地在政务服务中心网上大厅公开公众普遍关心、涉及公众切身利益的审批和公共服务事项的相关信息。

4.2 安全性

建立安全管理机制,妥善处理信息公开与保护国家秘密、商业秘密和个人隐私的关系,提供安全、稳定、可恢复的服务。

4.3 易用性

政务服务中心网上大厅设计应界面清晰、操作简单,符合服务对象使用习惯。

4.4 时效性

政务服务中心网上大厅中的信息应及时更新,对服务对象的申报、咨询提问或投诉建议等在公开承诺的时限内做出回应并妥善处理。

4.5 兼容性

应提供规范的接口数据,并支持多种数据库环境,能够与原有系统和其他应用系统兼容/集成,运行平台和服务栏目具有升级、拓展的能力,具体要求符合 GB/T 21061 中的规定。

4.6 综合性

政务服务中心网上大厅应提供信息公开、网上办理、民意互动等一系列服务功能,是集多项服务为一体的综合性政务服务网上平台。

5 服务提供

5.1 总则

政务服务中心网上大厅应提供服务向导，说明政务服务中心网上服务的总体流程和注意事项，以及网上服务功能，网上服务内容至少包括信息公开服务、网上办理服务、民意互动服务。

5.2 信息公开服务

5.2.1 基本信息公示

政务服务中心网上大厅应公示基本信息并及时更新，包括但不限于以下内容：

——政务服务中心简介及机构设置；

——政务服务中心办公地址、办公时间、公交运行线路、服务热线电话；

——进驻部门窗口及办理事项；

——网上投诉、网上咨询、意见征集的答复或结果。

5.2.2 事项办理指南公示

政务服务中心网上大厅应向公众提供行政许可以及公共服务事项办理指南并及时更新，包括但不限于以下内容：

——事项类型、事项编码、事项名称、受理条件、行政主体、法定办理时限、承诺办理时限、许可(审批)条件；

——法律、法规、政策、规章、其他规范性文件等的具体条款；

——详细的办理流程图、审核要求等；

——申报表单或格式文本下载服务，可细化到每项材料的填报、审核要求，并提供示范文本；

——进驻部门办理事项的收费依据和收费标准；

——政务服务中心实体大厅的进驻部门、办理人员、联系电话、监督电话；

——进驻部门事项办理中的常见问题及解答；

——前置审批事项链接，提醒后置事项；

——政务服务中心实体大厅的布局示意图，标明每个进驻部门窗口的准确位置。

5.2.3 综合信息公示

政务服务中心网上大厅应向公众提供动态的、综合性的信息并及时更新，包括但不限于以下内容：

——与行政审批服务相关的最新政策制度；

——与实体大厅密切相关的通知公告信息；

——除基本信息、事项办理指南之外的政务服务相关综合性信息。

5.3 网上办理服务

5.3.1 网上注册/登录

政务服务中心网上大厅应提供网上办理注册/登陆服务，并符合以下要求：

——宜为企业用户提供CA数字认证登录服务，为个人用户提供身份注册服务；

——用户注册信息至少包括用户类别、姓名(单位名称)、身份证号码(组织机构代码)、联系方式；

——登录用户可办理网上预约、网上申报、网上审批(预审批)服务，以及查询政务服务中心网上大厅的所有操作痕迹。

5.3.2 网上预约

政务服务中心网上大厅应提供网上预约服务，并符合以下要求：

——应提供24小时网上受理预约申请服务(系统维护时间除外)；

——为公众提供灵活的到政务服务中心实体大厅办理事项的时间选择；

——提供包括邮件、短信、电话等多样服务确认方式。

5.3.3 网上申报

政务服务中心网上大厅应提供网上申报服务：

——提供网上申报所需文件主要格式的上传功能，并将网上申报的材料实时传送到内网审批系统；

——应将是否受理的决定在法定时限内反馈给用户；

——对通过CA数字认证的用户宜提供正式受理服务，对身份注册用户应提供预受理服务；

——宜上传申报资料，通过内部流转，共享信息，实现联办件的一站式申报受理。

5.3.4 网上(审批)预审批

5.3.4.1 对已受理的网上申报事项，若完成审批需要现场核实的，应提供网上预审批服务。

5.3.4.2 对CA数字认证用户网上申报的开通网上审批服务的事项，应符合以下要求：

——及时审批，即办事项当日内办结，承诺事项在承诺时限内完成批复；

——简单联办事项宜实行并联审批；

——直接提供审批结果，提供审批结果多渠道反馈服务。

5.3.5 办理状态查询

政务服务中心网上大厅应设立事项办理状态查询栏目，依据受理编号或有效证件号码等方式，提供事项办理查询服务，事项办理状态信息应至少包括：

——事项类型；

——事项编码；

——事项名称；

——办件名称；

——申请时间；

——受理进驻部门；

——当前状态。

5.4 民意互动服务

5.4.1 在线咨询或离线咨询

5.4.1.1 政务服务中心应提供网上咨询服务，宜设置咨询表格，内容包括：

——咨询进驻部门；

——咨询类型；

——是否公开；

——咨询主题；

——咨询内容和相关附件等。

5.4.1.2 政务服务中心网上在线咨询宜做到能转接到进驻部门窗口，即由相关业务人员直接负责解答。

5.4.1.3 离线咨询应做到政务服务中心定期回复，保证与服务对象沟通流畅。

5.4.1.4 经常咨询的问题应分类定期追加到常见问题解答中，形成知识库，供公众查询。

5.4.2 网上投诉

5.4.2.1 政务服务中心应提供网上投诉服务，宜设置投诉举报表格，内容主要包括：

——投诉举报受理编号；

——被投诉举报进驻部门；

——投诉举报类型；

——被投诉举报人姓名；

——投诉举报内容。

5.4.2.2 政务服务中心网上大厅应实时将投诉信息传输到行政审批系统中，并明确告知公众该投诉的处理时限。

5.4.2.3 政务服务中心网上大厅应提供投诉举报结果反馈查询功能，通过投诉举报受理编号向公众反馈投诉举报处理的结果，必要时应公布相关纠正措施。

5.4.2.4 政务服务中心网上大厅的网上投诉模块宜与相关政府监察平台实现互动。

5.4.3 意见征集

5.4.3.1 政务服务中心网上大厅应提供意见征集服务，应根据公众关心的问题，动态调整意见征集话题。

5.4.3.2 政府服务中心网上大厅应明确公示意见征集服务响应时间。

6 服务保障

6.1 信息及系统安全

政务服务中心网上大厅应保证用户隐私及信息安全，系统、运行维护等，应符合 GB/T 21061 中的规定。

6.2 数据记录管理

政务服务中心网上大厅应对公众访问、办事以及各级管理员操作维护动作进行详细记录，并提供统计、审计与分析功能。

6.3 提醒警示

对于专业性较强的术语、复杂的操作等，政务服务中心网上大厅应有在线帮助或操作指南。对于执行后会产生严重后果的功能，应设置警告提示，并且在执行命令前要求确认。

6.4 多渠道交互

政务服务中心网上大厅应提供站内导航(栏目间的有效链接)、站外导航(与相关网站的链接)，宜实现与本级以下政务服务中心网上大厅的互联互通。宜提供多渠道服务平台和工具，如邮件、短信、微博、微信、飞信、移动办公、即时交流工具、手机版互动服务等。

6.5 CA 数字认证

CA 数字认证服务提供商应为取得合法电子认证资格的机构。可对通过 CA 数字认证的用户提供首页栏目的自定义功能。

6.6 电子化证照

政务服务中心网上大厅宜建设电子证照库,管理电子证照类申报材料,提供电子化审批结果。

6.7 场景式服务

政务服务中心网上大厅宜针对公众的不同身份和需求,设计人性化的场景式服务,通过可选择交互方式演示不同公众办理业务的具体流程和相关要求,并为公众提供表格下载和业务提醒等拓展功能。

6.8 服务特殊人群

政务服务中心网上大厅宜提供无障碍功能和多语种功能。

7 评价与改进

7.1 评价方式

可采用自我评价、第三方评价、用户评价、管理机构评级、监督机关评价或多方评价相结合的方式,对政务服务中心提供的网上服务进行评价,可采取量化评价形式,日常评价与年终评价相结合。

7.2 评价内容

政务服务中心可从政务服务中心网上服务的内容的完备性、易用性、时效性、群众满意度等方面制定评价指标,并设计权重或分值。

7.3 评价结果

政务服务中心根据评价情况,及时在政务服务中心网上大厅或政务服务中心实体大厅公布评价结果,评价结果作为效能评价的重要依据。

7.4 持续改进

政务服务中心应根据评价结果不断改进网上服务方式,优化网上服务流程,持续提升服务质量。

参 考 文 献

[1] 国务院.关于清理国务院部门非行政许可审批事项的通知.2014 年 4 月 22 日.

[2] 中共中央办公厅.关于深化政务公开加强政务服务的意见.2011 年 8 月 2 日.

[3] GB/T 16264.8 信息技术 开放系统互连 目录 第 8 部分:公钥和属性证书框架

[4] GB/T 32170.1 政务服务中心标准化工作指南 第 1 部分:基本要求

[5] YD/T 1761—2012 网站设计无障碍技术要求

ICS 01.040.03
A 12

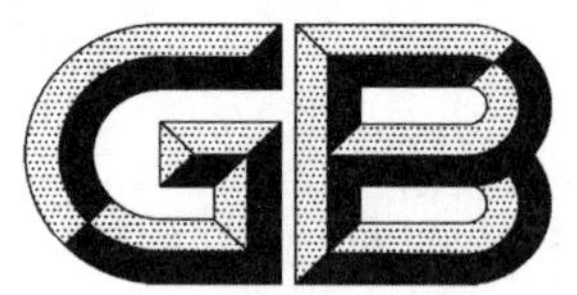

中华人民共和国国家标准

GB/T 32169.1—2015

政务服务中心运行规范 第1部分:基本要求

Specification for operation of administrative service centre—Part 1:Basic requirements

2015-10-12 发布 2016-05-01 实施

中华人民共和国国家质量监督检验检疫总局
中国国家标准化管理委员会 发布

前　言

GB/T 32169《政务服务中心运行规范》分为四个部分：

——第1部分：基本要求；

——第2部分：进驻要求；

——第3部分：窗口服务提供要求；

——第4部分：窗口服务评价要求。

本部分为GB/T 32169的第1部分。

本部分按照GB/T 1.1—2009给出的规则起草。

本部分由全国服务标准化技术委员会(SAC/TC 264)提出并归口。

本部分起草单位：山东省新泰市公共行政服务中心、北京市西城区综合行政服务中心、山东省标准化研究院、福建省龙岩市行政服务中心、安徽省广德县政务服务中心、山东省质量技术监督局、国家行政学院电子政务研究中心。

本部分主要起草人：王瑞东、万会魁、马连启、刘寒、李薇、赵红红、朱田夫、李冰、杨冬静、江源富、刘艾迎。

引　　言

近年来，随着行政审批制度改革的不断深化和服务型政府建设的不断深入，全国各地普遍建立了政务服务中心，集中为自然人、法人和其他组织提供服务。政务服务中心的建立对优化服务环境、提高行政效能、建设服务型政府起到了积极的推动作用，赢得了广大群众、企业和社会各界的广泛认可。政务服务中心运行规范国家标准的建立，旨在为政务服务中心建设与管理工作提供针对性强、适用性强、可操作、易执行的科学管理模式，为建设人民满意的服务型政府提供有力的技术支撑和保障。

政务服务中心运行规范 第1部分:基本要求

1 范围

GB/T 32169的本部分规定了政务服务中心(简称中心)运行的基本要求,包括服务组织、服务设施设备、运行管理、监督与评价等内容。

本部分适用于政务服务中心的运行。

2 规范性引用文件

下列文件对于本文件的应用是必不可少的。凡是注日期的引用文件,仅注日期的版本适用于本文件。凡是不注日期的引用文件,其最新版本(包括所有的修改单)适用于本文件。

GB/T 2893.1 图形符号 安全色和安全标志 第1部分:安全标志和安全标记的设计原则

GB 2894 安全标志及其使用导则

GB/T 10001.1 公共信息图形符号 第1部分:通用符号

GB/T 18894 电子文件归档与管理规范

GB/T 19580 卓越绩效评价准则

GB/T 20269 信息安全技术 信息系统安全管理要求

GB/T 20270 信息安全技术 网络基础安全技术要求

GB/T 20271 信息安全技术 信息系统通用安全技术要求

GB/T 21061 国家电子政务网络技术和运行管理规范

GB/T 21064 电子政务系统总体设计要求

GB/T 22081 信息技术 安全技术 信息安全管理实用规则

GB/T 32169.2 政务服务中心运行规范 第2部分:进驻要求

GB/T 32169.3 政务服务中心运行规范 第3部分:窗口服务提供要求

GB/T 32169.4 政务服务中心运行规范 第4部分:窗口服务评价要求

GB/T 32170.1 政务服务中心标准化工作指南 第1部分:基本要求

GB/T 32170.2 政务服务中心标准化工作指南 第2部分:标准体系

3 术语和定义

GB/T 32170.1和GB/T 32170.2界定的下列术语和定义适用于本文件。

3.1

政务服务中心 administrative service centre

行政服务中心

地方各级人民政府设立的,集中办理本级政府权限范围内的行政许可、行政给付、行政确认、行政征收以及其他服务项目的综合性管理服务机构。

[GB/T 32170.1,定义3.1]

3.2

服务对象　service target

向政务服务中心申请办理行政许可、行政给付、行政确认、行政征收以及其他服务项目的自然人、法人和其他组织。

[GB/T 32170.1,定义 3.2]

3.3

进驻部门　government department stationed

进驻政务服务中心,为自然人、法人和其他组织提供行政许可、行政给付、行政确认、行政征收以及其他服务项目的政府部门和相关服务单位。

[GB/T 32170.2,定义 3.2]

3.4

事项　item

进驻政务服务中心办理的行政许可、行政确认、行政给付、行政征收及其他服务项目。

[GB/T 32170.2,定义 3.3]

3.5

窗口　counter

进驻部门或政务服务中心设立的服务单元。

[GB/T 32170.2,定义 3.4]

3.6

管理机构　management organization

政务服务中心内部负责对窗口工作进行组织协调、监督管理和指导服务的机构。

[GB/T 32170.2,定义 3.5]

4　服务组织

4.1　机构设置

4.1.1　中心管理机构宜下设(但不限于)综合协调、业务管理、监督考核、信息化管理等部门,履行组织协调、监督管理和指导服务职能,包括但不限于:

——综合协调部门,负责政务及相关事务的日常处理、协调及后勤保障。

——业务管理部门,负责事项和窗口人员进驻,业务运行管理与协调工作。

——监督考核部门,负责对中心管理人员、窗口服务人员及其服务工作的检查、监督、考核工作。

——信息化管理部门,负责办公网络的开发、实施、运行管理以及网络信息的采集、编辑、发布工作。

4.1.2　中心应根据进驻事项合理设置窗口,并根据服务对象的需求设置导询服务等窗口。

4.2　人员配置

4.2.1　管理机构人员配置

4.2.1.1　中心应根据管理机构职能和相关工作需求配置工作人员。

4.2.1.2　管理机构人员应具备相应的组织协调、管理服务等执业技术要求。

4.2.1.3　管理机构人员应参加岗前培训,掌握行使工作职能必备的业务技能。

4.2.2　窗口人员配置

4.2.2.1　中心应根据导询服务等窗口职能要求,配置具备相应执业技能要求的工作人员。

4.2.2.2 进驻部门窗口人员配置按照6.1的要求执行。

5 服务设施设备

5.1 服务场所

5.1.1 服务场所选址应符合城市规划要求，宜选择在交通便利、公共设施较完善的地点。

5.1.2 应建立满足服务对象需求的场所，符合集中式、开放式工作环境的要求。

5.1.3 应根据服务功能类型合理划分窗口服务区、咨询服务区、投诉受理区、等候区、自助服务区等服务区域。

5.1.4 窗口服务区应依照便民高效的原则，根据事项的业务关联性合理设置窗口。咨询服务区、投诉受理区、等候区、自助服务区等服务区域设置应充分考虑服务对象的个性化需求。

5.2 服务设备

5.2.1 中心应配备满足管理机构和窗口日常办公要求的设施设备。

5.2.2 管理机构设施设备包括但不限于：

a) 办公设备。计算机、打印机、档案橱等必备的办公设备；

b) 信息化设施设备。应配备满足电子化办公需要的交换机、网络终端等硬件及软件设备；

c) 服务设施。应配备满足服务对象需求的设施，如服务柜台、停车场等；

d) 标志标记。应按照GB/T 2893.1、GB 2894和GB/T 10001.1等设置标志标记，包括但不限于：

——引导性标志标记。包括服务时间、服务区域指示等标志标记。

——警示性标志标记。包括安全类、消防类等标志标记。

——告知性标志标记。包括无障碍设施、公共设施类等标志标记。

5.2.3 窗口设施设备包括但不限于计算机、证照打印机、高拍仪等基本的办公设施设备。

6 运行管理

6.1 进驻

6.1.1 中心应会同行政审批制度改革牵头部门将为自然人、法人和其他组织提供行政许可、行政给付、行政确认、行政征收及其他服务项目的政府部门和相关服务单位进驻中心，开设窗口。

6.1.2 中心应协调进驻部门将面向自然人、法人和其他组织的行政许可、行政给付、行政确认、行政征收及其他服务项目纳入窗口办理。

6.1.3 中心应指导进驻部门根据进驻事项办理需要和岗位设置要求派驻窗口工作人员。部门、事项、窗口人员进驻的程序和管理要求按照GB/T 32169.2执行。

6.2 窗口服务

6.2.1 应建立服务事项办理规程，明确服务事项办理的时限、提交材料、办理程序、收费标准等。

6.2.2 应建立服务规范，符合以下要求：

——遵循文明礼仪要求；

——依照事项办理规程和要求为服务对象提供服务；

——依法公开服务信息；

——不断优化服务方式和服务行为，提供便捷高效服务，达到服务对象满意。

6.2.3 服务提供应符合GB/T 32169.3的要求。

6.3 服务保障

6.3.1 人员管理

6.3.1.1 中心应建立人员管理机制,明确工作人员的工作职责,并开展相应的教育培训。

6.3.1.2 对管理人员的管理应包括转岗调配、培训教育、服务规范、考勤考核等。

6.3.1.3 对窗口人员的管理应符合 GB/T 32169.2 的要求。

6.3.2 财务管理

6.3.2.1 中心应对管理机构的财务工作和窗口税费收缴工作进行规范管理。

6.3.2.2 管理机构的财务工作主要包括自身财务预决算及账册、报表、凭证、票据、现金管理等。

6.3.2.3 窗口的税费收缴工作包括但不限于票据的管理、报表的管理等。

6.3.3 档案管理

6.3.3.1 中心应对管理机构和窗口的档案工作进行管理,配备专兼职档案管理工作人员和相应设施。

6.3.3.2 管理机构和窗口应对工作中文件材料的形成、积累、保管和整理归档工作进行管理。

6.3.3.3 电子档案的归档与管理应符合 GB/T 18894 的要求。

6.3.3.4 档案信息公开、利用和查询中涉及国家秘密、个人隐私和商业秘密的,应严格执行法律法规的保密规定。

6.3.4 安全管理

6.3.4.1 中心应建立安全管理机制,做好人、财、物等安全防护与应急处理工作。

6.3.4.2 管理机构应对安全工作进行管理,包括但不限于:

a) 配备专兼职安全管理工作人员,并定期组织培训教育;

b) 配备相应的安全设施设备,包括监控装置、报警装置、应急照明灯、消防器材、消防通道等;

c) 制定安全应急处理预案,并定期进行演练。

6.4 信息化建设

6.4.1 中心应推行电子化办公,建立满足服务需求的信息系统,包括网上审批系统、服务信息管理系统、电子监察系统等。

6.4.2 中心应做好网络搭建及软、硬件维护管理工作。

6.4.3 窗口应运用信息系统为服务对象提供服务,确保数据传输及时、顺畅、准确。

6.4.4 信息和网络安全应按照 GB/T 20269、GB/T 20270、GB/T 20271、GB/T 21061、GB/T 21064、GB/T 22081 执行。

7 监督与评价

7.1 监督

7.1.1 应采取内部监督、社会监督等形式对管理机构进行监督。

7.1.2 应采取现场巡查、办件评议、电子监察、事后回访等方法对窗口服务进行监督。

7.1.3 应建立效能评价、电话投诉、网上投诉等服务质量反馈和投诉制度,畅通投诉渠道,妥善解决投诉问题。

7.1.4 应加强政务公开,畅通政务监督渠道。

7.1.5 应依据监督结果督促管理机构改进管理,督促窗口改进服务。

7.2 评价

7.2.1 对管理机构的绩效评价可参照 GB/T 19580 的要求进行。

7.2.2 对窗口服务评价应依据 GB/T 32169.4 的要求进行。

ICS 01.040.03
A 12

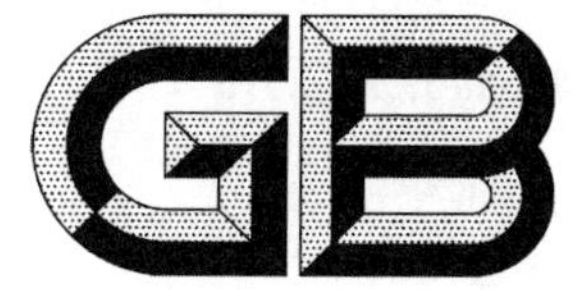

中华人民共和国国家标准

GB/T 32169.2—2015

政务服务中心运行规范 第2部分:进驻要求

Specification for operation of administrative service centre—
Part 2: Requirements for stationing

2015-10-12 发布 2016-05-01 实施

中华人民共和国国家质量监督检验检疫总局
中国国家标准化管理委员会 发布

前　　言

GB/T 32169《政务服务中心运行规范》分为四个部分：

——第 1 部分：基本要求；

——第 2 部分：进驻要求；

——第 3 部分：窗口服务提供要求；

——第 4 部分：窗口服务评价要求。

本部分为 GB/T 32169 的第 2 部分。

本部分按照 GB/T 1.1—2009 给出的规则起草。

本部分由全国服务标准化技术委员会(SAC/TC 264)提出并归口。

本部分起草单位：山东省新泰市公共行政服务中心、福建省龙岩市行政服务中心、山东省标准化研究院、安徽省广德县政务服务中心、北京市西城区综合行政服务中心、泰安市质量技术监督局、国家行政学院电子政务研究中心、山东省质量技术监督局。

本部分主要起草人：刘虎、孟传成、马晓鸥、周俊、兰如明、黎燕、孙新、马浩松、江源富、罗翔、张媛。

政务服务中心运行规范
第2部分:进驻要求

1 范围

GB/T 32169的本部分规定了政务服务中心(简称中心)部门进驻、事项进驻及窗口人员进驻的相关要求。

本部分适用于中心的部门、事项和窗口人员进驻。

2 规范性引用文件

下列文件对于本文件的应用是必不可少的。凡是注日期的引用文件,仅注日期的版本适用于本文件。凡是不注日期的引用文件,其最新版本(包括所有的修改单)适用于本文件。

GB/T 32169.1 政务服务中心运行规范 第1部分:基本要求

GB/T 32169.3 政务服务中心运行规范 第3部分:窗口服务提供要求

3 术语和定义

GB/T 32169.1界定的及下列术语和定义适用于本文件。

3.1

部门进驻 government department stationing

进驻部门在政务服务中心设立窗口的过程。

3.2

事项进驻 item stationing

进驻部门将事项授权给窗口办理的过程。

3.3

窗口人员进驻 counter service personnel stationing

进驻部门将工作人员派驻到窗口的过程。

4 部门进驻要求

4.1 范围

4.1.1 行政区划内承担行政审批事项和公共服务事项的本级政府职能部门,宜进驻中心。

4.1.2 行政区划内法律、法规、规章授权的具有管理公共事务职能的组织,宜进驻中心。

4.2 程序

4.2.1 确定进驻部门名单,报经本级政府审查批准。

4.2.2 审查进驻部门进驻方案,明确进驻事项和人员。

4.2.3 审查进驻部门与窗口签订的授权委托书,参见附录A。

4.3 管理

4.3.1 应为进驻部门提供必要的办公条件。

4.3.2 应对进驻部门窗口服务工作进行组织协调、监督管理和指导服务。

4.3.3 应根据法律法规变化和职能调整情况对进驻部门进行调整，并将调整情况报本级政府批准。

5 事项进驻要求

5.1 范围

5.1.1 本级政府承担的面向自然人、法人和其他组织的行政许可、行政给付、行政确认、行政征收及其他服务事项，应纳入中心办理。

5.1.2 承担的行政许可、行政给付、行政确认、行政征收及其他服务事项少或发生量小，不宜在中心单独设立窗口的部门，宜与中心签订事项委托协议，由中心代其进行受理。

5.2 程序

5.2.1 督促进驻部门依据相关法律、法规和规章，明确每一进驻事项的设立依据、办理条件、申报材料、办理流程、收费标准和承诺时限等，建立事项办理规程。

5.2.2 对事项办理规程进行审查，将审查结果报经本级政府同意，按照 GB/T 32169.3 信息公开的相关要求向社会公布。

5.2.3 督促进驻部门将进驻事项纳入中心窗口办理。

5.3 管理

5.3.1 应督促进驻部门明确进驻事项办理环节、承办岗位、流转程序等，压缩办理时限，精简申请材料，规范收费。

5.3.2 应配合进驻部门将与办理进驻事项所需的专用设施设备同步进驻。

5.3.3 应指导进驻部门根据法律法规变换和部门职能调整情况对进驻事项及办理规程做出相应调整，并向社会公布。

5.3.4 对委托中心受理的事项，应及时通知和督促承办部门按照事项办理规程和办理时限进行办理。

6 窗口人员进驻要求

6.1 基本要求

6.1.1 指导进驻部门根据进驻事项办理需要和岗位设置要求选派窗口人员，并明确窗口负责人。

6.1.2 窗口人员应符合下列要求：

——遵纪守法，掌握相关的国家方针政策、法律法规和进驻事项的办理规程；

——是进驻部门的在职在岗工作人员；

——具备从事窗口工作所需的业务和服务技能；

——有特殊要求的岗位，具备相应的执业技术要求，并持证上岗。

6.1.3 窗口负责人应符合下列要求：

——一般应为进驻部门相关业务负责人或更高层级人员；

——具备 6.1.2 的窗口人员要求；

——具备与本岗位相适应的组织、管理、协调能力。

6.2 程序

6.2.1 应对进驻部门提出的拟选派的窗口人员进行审查,同意后确定。

6.2.2 应督促新进窗口人员填写《政务服务中心窗口人员登记备案表》,参见附录B,建立基本信息档案。

6.2.3 应对窗口人员进行岗前培训,合格后方可上岗。

6.3 管理

6.3.1 应与进驻部门共同做好窗口人员的管理工作,抓好日常管理、业务培训和监督考核。

6.3.2 应督促进驻部门保持窗口人员相对稳定,原则上在中心工作时间不应少于一年。

6.3.3 应建立健全窗口人员调整制度,要求进驻部门调整窗口人员时应与中心协商一致。

6.3.4 应督促进驻部门在更换调整窗口人员时采取"先进后出"的方式,应保证窗口工作的衔接。

附　录　A
（资料性附录）
授权委托书

授权委托书格式示例见图 A.1。

授权委托书

为切实简化事项办理流程，提高服务质量和效率，建立规范、透明、廉洁、高效的政务服务运行机制，现对我部门在政务服务中心（简称中心）所设窗口授权如下：

一、授予我部门窗口负责人全权负责窗口的日常管理、窗口人员管理和分工、窗口人员评先树优推荐等工作，负责与中心业务协调管理等工作，负责落实中心要求开展的各项服务等工作。

二、授予我部门窗口负责人以下事项的受理、初审、核准、审批、审签和发证照权限。

1. ××××××××

2. ××××××××

…………

三、授予我部门窗口负责人以下事项的组织、调度相关人员开展现场勘察和验收权限。

1. ××××××××

2. ××××××××

…………

四、授予我部门窗口负责人以下事项的受理、初审、上报等权限。

1. ××××××××

2. ××××××××

…………

五、授予我部门窗口负责人以下需要由部门主要负责人签发或需经集体讨论的事项的受理、初审、发证照权限。

1. ××××××××

2. ××××××××

…………

六、本授权委托书签订后，不因我部门主要负责人和窗口负责人的变动而变动。

七、授权委托书自签发之日起生效，一式三份，授权部门、被授权窗口、中心各存一份。

授权部门：（章）　　　　　　　　授权部门负责人：（签字）

被 授 权 窗 口：　　　　　　　　窗 口 负 责 人：（签字）

××××年××月××日

图 A.1　授权委托书

附 录 B
（资料性附录）
政务服务中心窗口人员登记备案表

政务服务中心窗口人员登记备案表见表 B.1。

表 B.1 政务服务中心窗口人员登记备案表

<table>
<tr><td>姓名</td><td></td><td>性别</td><td></td><td colspan="2">出生年月</td><td colspan="2"></td></tr>
<tr><td>学历</td><td></td><td>民族</td><td></td><td>籍贯</td><td></td><td>政治
面貌</td><td></td></tr>
<tr><td colspan="2">毕业院校</td><td colspan="2"></td><td colspan="2">参加工作时间</td><td colspan="2"></td></tr>
<tr><td colspan="2">专业特长</td><td colspan="2"></td><td>职称</td><td></td><td>身体
状况</td><td></td></tr>
<tr><td colspan="2">现工作岗位及职务</td><td colspan="6"></td></tr>
<tr><td colspan="2">拟派驻政务服务中心岗位及职务</td><td colspan="6"></td></tr>
<tr><td colspan="2">个人工作经历</td><td colspan="6"></td></tr>
<tr><td colspan="2">派驻部门意见</td><td colspan="6">（盖章） 年 月 日</td></tr>
<tr><td colspan="2">政务服务中心意见</td><td colspan="6">（盖章） 年 月 日</td></tr>
</table>

注：此表一式两份，派驻部门、政务服务中心各存档一份。

ICS 01.040.03
A 12

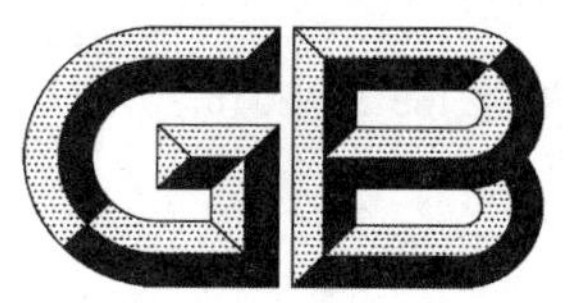

中华人民共和国国家标准

GB/T 32169.3—2015

政务服务中心运行规范 第3部分:窗口服务提供要求

Specification for operation of administrative service centre—
Part 3:Requirements for counter services

2015-10-12 发布

2016-05-01 实施

中华人民共和国国家质量监督检验检疫总局
中国国家标准化管理委员会
发布

前言

GB/T 32169《政务服务中心运行规范》分为四个部分：

——第1部分：基本要求；

——第2部分：进驻要求；

——第3部分：窗口服务提供要求；

——第4部分：窗口服务评价要求。

本部分为GB/T 32169的第3部分。

本部分按照GB/T 1.1—2009给出的规则起草。

本部分由全国服务标准化技术委员会(SAC/TC 264)提出并归口。

本部分起草单位：山东省新泰市公共行政服务中心、安徽省广德县政务服务中心、山东省质量技术监督局、北京市西城区综合行政服务中心、福建省龙岩市行政服务中心、国家行政学院电子政务研究中心、山东省标准化研究院、新泰市质量技术监督局。

本部分主要起草人：单峰、张清明、刘洪识、孙旭、王斌、郭大雷、李鹏、黄爱勤、江源富、颜丽、张西礼。

政务服务中心运行规范 第3部分:窗口服务提供要求

1 范围

GB/T 32169 的本部分规定了政务服务中心(简称中心)窗口服务提供的基本要求、服务程序、服务礼仪、信息公开、服务监督与评价等内容。

本部分适用于中心的窗口服务提供工作。

2 规范性引用文件

下列文件对于本文件的应用是必不可少的。凡是注日期的引用文件,仅注日期的版本适用于本文件。凡是不注日期的引用文件,其最新版本(包括所有的修改单)适用于本文件。

GB/T 32169.1 政务服务中心运行规范 第1部分:基本要求

GB/T 32169.2 政务服务中心运行规范 第2部分:进驻要求

GB/T 32169.4 政务服务中心运行规范 第4部分:窗口服务评价要求

3 基本要求

3.1 规范服务

应严格按照事项办理规程和要求提供服务。

3.2 公开服务

应通过多种途径对服务信息予以公开。

3.3 文明服务

应按照文明礼仪要求为服务对象提供热情周到的服务。

3.4 满意服务

应根据服务对象的合理需求,持续优化服务方式和服务行为,提供便捷高效服务,达到服务对象满意。

4 服务程序

4.1 接受咨询

4.1.1 导询服务窗口应为服务对象做好咨询引导服务。

4.1.2 对窗口办理的事项,窗口人员应按照有关规定对服务对象的咨询一次性做出明确答复并提供相关事项的服务告知单,参见附录A。

4.1.3 对已进驻中心但不属于本窗口办理的事项,窗口人员应引导服务对象到相关窗口办理。

4.1.4 对未进驻中心办理的事项,窗口人员应做好解释说明并指导服务对象到相关部门办理。

4.1.5 对停止办理、无须许可审批的事项,窗口人员应向服务对象做好解释说明。

4.1.6 窗口人员应建立咨询接待记录,登记服务对象的姓名、单位、联系方式、咨询内容、处理结果等内容。

4.2 受理申请

4.2.1 服务对象提出事项办理申请,窗口人员应及时接待,并提供相应的申请表格和示范文本。

4.2.2 对申请材料齐全且符合法定形式的,窗口人员应当场登记受理,出具《受理通知书》,参见附录B。

4.2.3 对申请材料不齐全或不符合法定形式的,窗口人员应当场予以指正,服务对象更正后予以登记受理;对不能当场补齐或更正的申请事项,应出具《补正材料通知书》,参见附录C,一次性书面告知需要补正的全部内容。

4.2.4 联办件实行一个窗口受理,相关窗口分别出具意见后统一反馈给服务对象。

4.2.5 服务对象网上提出的事项办理申请,窗口人员应限期反馈受理情况,告知下一步办理流程和相关要求。

4.2.6 事项受理后依法需要听证、招标、拍卖、检验、检测、检疫、鉴定、专家评审等特别程序的,应在《受理通知书》上注明。

4.3 审查

4.3.1 审核

窗口人员依法对服务对象提交材料的真实性、合法性和规范性进行审核,并出具审核结果。

4.3.2 现场勘察

4.3.2.1 需进行现场勘察的事项,由勘察人员进行现场勘测、检测等工作,并出具勘察结果。

4.3.2.2 现场勘察过程中,需要补正有关材料的,勘察人员应当场告知服务对象,待材料补正完成后出具勘察结果。

4.3.3 特别程序

依法或利害关系人提出相关申请,需要听证、招标、拍卖、检验、检测、检疫、鉴定、专家评审等特别程序的,按照规定程序运作。

4.4 办理

4.4.1 属本级权限内的事项,经审查符合批准条件的,窗口人员做出审查决定并制作证照、批准文件;属上级部门批准的事项,经审查后在承诺期限内上报,并协调上级部门及时办理。

4.4.2 经审查不具备批准条件的,窗口人员应出具《不予许可(审批)通知书》,参见附录D,详细说明理由或改正意见,并告知服务对象享有依法申请行政复议或提起行政诉讼的权利。

4.4.3 服务对象无故暂停办理的,窗口人员应及时催办一次并告知最后期限。

4.5 收费

4.5.1 涉及税费征收的事项,窗口人员应在批准决定做出后,根据相关标准计算出税费收取金额并通知服务对象缴纳税费。

4.5.2 窗口人员收到服务对象缴费回执后,向服务对象提供相应的税费收缴票据。

4.6 送达

窗口人员在承诺期限内完成证照、批准文件或《不予许可(审批)通知书》出具工作，应根据服务对象需求采取现场递交、邮寄等方式送达。

4.7 资料归档

窗口人员将相关材料按照规定要求整理归档，并保证服务对象的信息安全。

5 服务礼仪

5.1 仪容仪表

5.1.1 仪容整洁、讲究卫生。

5.1.2 仪表端庄大方，统一着装、亮牌上岗。

5.2 行为举止

5.2.1 坐姿端正、站姿挺拔、行姿稳重。

5.2.2 微笑服务，态度温和、认真听取并记录服务对象诉求。

5.2.3 言行得体、自然真诚，及时发现并化解服务对象不满情绪。

5.3 服务语言

5.3.1 应以协调适宜的自然语言和身体语言服务。

5.3.2 提倡使用普通话，文明用语、言简意赅、语调语速适当。

5.3.3 对特殊需求的服务对象，宜使用与之相适应的语言进行沟通。

6 信息公开

应通过门户网站、窗口展示牌、服务告知单等媒介对服务信息进行公开，内容包括：

a) 事项基本信息，如事项名称、承办部门、设立依据、法定批准条件及法律、法规限制批准的数量、收费依据及收费标准等；
b) 事项办理信息，如事项承办责任人、办理流程、承诺时限、申请材料及示范文本、办理情况和结果告知等；
c) 监督投诉信息，如投诉受理单位、投诉电话号码等；
d) 其他需公开的信息。

7 监督与评价

7.1 中心业务管理部门应对业务办理全过程进行实时监察，对符合规定要求却不提供服务或不按照规定要求提供服务的，责令窗口及时予以更正。

7.2 中心监督考核部门应及时受理服务对象的不满意投诉，会同业务管理部门对不满意原因进行认定，确属窗口服务不到位的责令窗口及时更正，属服务对象原因的与服务窗口共同做好解释说明工作。

7.3 中心业务管理和监督考核部门应对上述异常情况进行实时记录，并结合窗口服务评价情况帮助窗口对服务质量进行改进提升。

7.4 窗口服务评价工作按照 GB/T 32169.4 的要求执行。

附 录 A
（资料性附录）
服务告知单

服务告知单格式示例见图 A.1。

服务告知单

1 事项名称

××××××××

2 承办部门

中心××窗口

3 设立依据

《中华人民共和国××法》第××条

4 申请材料

××××××××(注明原件还是复印件,需要几份)

5 办理流程

××××××××

6 特别程序

××××××××

7 收费依据

《中华人民共和国××法》第××条

8 收费标准

《中华人民共和国××法》第××条

9 承诺时限

××个工作日

10 联系电话

××××××××

11 监督投诉电话

××××××××

承办窗口(章)

××××年××月××日

图 A.1 服务告知单

附　录　B
（资料性附录）
受理通知书

受理通知书格式示例见图 B.1。

受理通知书

××××××：

本窗口收到您申请办理的××××××事项所送的申请材料计××项，经审查，申请材料齐全，符合法定形式，现予受理，我窗口将在××个工作日内给予办结。其中，该事项办理过程中涉及的以下程序：□听证、□招标、□拍卖、□检验、□检测、□检疫、□鉴定、□专家评审等（可根据实际情况选择），不计入承诺时限。

特此告知

经办人：××××××　　　　联系电话：××××××　　　　监督投诉电话：××××××

承办窗口（章）
××××年××月××日

注：1. 本通知书仅作为受理证明，与审批结果无必然联系。
　　2. 第一联申请人留存，第二联窗口存档。

受理通知书存根

××××××：

本窗口收到您申请办理的××××××事项所送的申请材料计××项，经审查，申请材料齐全，符合法定形式，现予受理，我窗口将在××个工作日内给予办结。其中，该事项办理过程中涉及的以下程序：□听证、□招标、□拍卖、□检验、□检测、□检疫、□鉴定、□专家评审等（可根据实际情况选择），不计入承诺时限。

特此告知

申请人（签字）：　　　　　　　　签字日期：××××年××月××日

承办窗口（章）
××××年××月××日

图 B.1　受理通知书

附　录　C
（资料性附录）
补正材料通知书

补正材料通知书格式示例见图 C.1。

补正材料通知书

××××××：

本窗口收到您申请办理的××××××事项所送的有关材料后，依法进行了审查，因您所送的材料不齐全（或不符合法定形式），暂时不能受理。请您补充齐全或修改下列材料后前来办理。

需补交或修改的材料如下：

×××××××××（一式几份）。

请您将上述材料尽快补正后送本窗口。

特此告知

经 办 人：××××××　　联系电话：××××××　　监督投诉电话：××××××

承办窗口（章）

××××年××月××日

注：第一联申请人留存，第二联窗口存档。

补正材料通知书存根

××××××：

本窗口收到您申请办理的××××××事项所送的有关材料后，依法进行了审查，因您所送的材料不齐全（或不符合法定形式），暂时不能受理。请您补充齐全或修改下列材料后前来办理。

需补交或修改的材料如下：

×××××××××（一式几份）。

请您将上述材料尽快补正后送本窗口。

特此告知

申请人（签字）：　　签字日期：××××年××月××日

承办窗口（章）

××××年××月××日

图 C.1　补正材料通知书

附　录　D
（资料性附录）
服务告知单

不予许可（审批）通知书格式示例见图 D.1。

不予许可（审批）通知书

××××××：

您向我窗口提出的××××××申请事项，经审查，属于以下第×种情况：

1. 不符合现行国家产业政策（列明具体条款）；
2. 不符合现行国家技术规范（列明具体条款）；
3. 现场核实不合格；
4. ××××××××××

特此告知

经办人：××××××　　　　联系电话：××××××　　　　监督投诉电话：××××××

承办窗口（章）
××××年××月××日

注：第一联申请人留存，第二联窗口存档。

不予许可（审批）通知书存根

××××××：

您向我窗口提出的××××××申请事项，经审查，属于以下第×种情况：

1. 不符合现行国家产业政策（列明具体条款）；
2. 不符合现行国家技术规范（列明具体条款）；
3. 现场核实不合格；
4. ××××××××××

特此告知

申请人（签字）：　　　　　　　　　　签字日期：××××年××月××日

承办窗口（章）
××××年××月××日

图 D.1　不可许可（审批）通知书

ICS 01.040.03
A 12

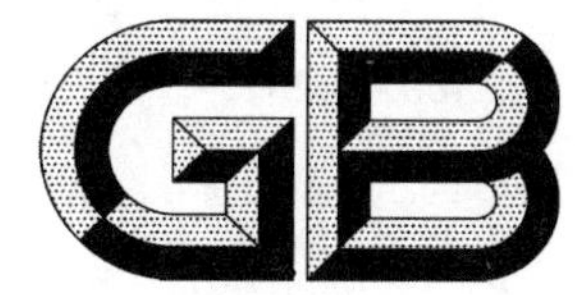

中华人民共和国国家标准

GB/T 32169.4—2015

政务服务中心运行规范 第4部分:窗口服务评价要求

Specification for operation of administrative service centre—Part 4: Requirements for counter service appraisal

2015-10-12 发布 2016-05-01 实施

中华人民共和国国家质量监督检验检疫总局
中国国家标准化管理委员会 发布

前　言

GB/T 32169《政务服务中心运行规范》分为四个部分：

——第 1 部分：基本要求；

——第 2 部分：进驻要求；

——第 3 部分：窗口服务提供要求；

——第 4 部分：窗口服务评价要求。

本部分为 GB/T 32169 的第 4 部分。

本部分按照 GB/T 1.1—2009 给出的规则起草。

本部分由全国服务标准化技术委员会(SAC/TC 264)提出并归口。

本部分起草单位：山东省新泰市公共行政服务中心、国家行政学院电子政务研究中心、山东省质量技术监督局、山东省标准化研究院、安徽省广德县政务服务中心、北京市西城区综合行政服务中心、福建省龙岩市行政服务中心。

本部分主要起草人：郭洪亮、潘庆柱、江源富、殷雪、杨冬静、马晓鸥、张媛、舒启海、张连凤、钟寿宁。

政务服务中心运行规范 第4部分:窗口服务评价要求

1 范围

GB/T 32169的本部分规定了政务服务中心(简称中心)对窗口服务实施评价的原则、机构及人员、指标、程序、改进提高。

本部分适用于中心窗口服务评价工作。

2 规范性引用文件

下列文件对于本文件的应用是必不可少的。凡是注日期的引用文件,仅注日期的版本适用于本文件。凡是不注日期的引用文件,其最新版本(包括所有的修改单)适用于本文件。

GB/T 24421.4—2009 服务业组织标准化工作指南 第4部分:标准实施及评价

GB/T 32169.1 政务服务中心运行规范 第1部分:基本要求

GB/T 32169.2 政务服务中心运行规范 第2部分:进驻要求

GB/T 32169.3 政务服务中心运行规范 第3部分:窗口服务提供要求

3 术语和定义

GB/T 32169.1和GB/T 32169.2界定的以及下列术语和定义适用于本文件。

3.1

窗口服务评价 counter service appraisal

政务服务中心根据一定的原则、标准、程序和方法,对窗口的办事效率、满意率等服务要素进行综合量化评估,依据评估结果改进并持续提高窗口服务质量。

3.2

事项进驻落实率 stationed item completion rate

窗口实际办理的进驻事项数与经本级政府同意并公布进驻政务服务中心事项总数之比。

3.3

窗口授权执行率 counter authorized item completion rate

窗口按照本部门授权办理的进驻事项数与本部门实际进驻政务服务中心的事项数之比。

3.4

办理提速率 handling speed up rate

窗口一定时期内所有办结件的实际办理时间与法定时限之差的总和,与其法定办理时限总和之比。

3.5

现场办结率 field completion rate

窗口当场办结的件数与同期内窗口办结总件数之比。

3.6

联办率 joint approval rate

窗口参与办结的联办件数与同期内窗口办结的总件数之比。

3.7

网上受理率　online acceptance rate

窗口网上受理件数与同期窗口受理总数之比。

3.8

窗口服务满意率　counter service satisfaction rate

服务对象对窗口服务评价满意数与同期内该窗口所接受的评价总数之比。

3.9

异常办理　exception handling

在事项受理、办理、收费、公开、送达等过程中，因窗口原因发生的不符合法定要求的行为。

3.10

有效投诉　effective complaint

经核查属实的针对窗口的投诉。

3.11

投诉率　complaint rate

对窗口的有效投诉数与同期窗口办结的总件数之比。

3.12

投诉处理满意率　complaint handling satisfaction rate

服务对象对投诉处理结果满意数与同期内对窗口有效投诉数之比。

4　评价原则

4.1　实事求是

重视调查研究、重事实，重内在规律，客观公正评价。

4.2　公开透明

评价过程和评价结果应坚持公开透明的原则。

4.3　合法合理

相关法律法规和服务对象的合理诉求是评价的基本原则。

4.4　实效性

针对切实提高窗口服务质量的实效进行评价。

5　评价机构及人员

5.1　机构

5.1.1　中心应明确相应的内设业务机构负责窗口服务评价。

5.1.2　机构应具备下列条件：

a)　应配置具备评价能力的工作人员，应明确评价岗位及其职责；

b)　应建立完善的窗口服务评价工作机制，制定工作计划、管理制度，应明确评价机构对评价对象具有奖惩权限，确保窗口服务评价的公开性、公平性、实效性。

5.2 人员

5.2.1 内设业务机构评价工作人员应负责窗口服务日常评价工作。

5.2.2 评价人员应具备下列条件：

a) 应具备实事求是、客观公正的基本素质；

b) 应熟悉窗口工作特点、相关业务和法规政策；

c) 应参加业务培训，不断总结提升服务评价工作经验。

6 评价指标

6.1 办事效率指标

6.1.1 主要由事项进驻落实率、窗口授权执行率、办理提速率、现场办结率、联办率、网上受理率构成。

6.1.2 每项指标可依据工作实际分配适当权重，各项指标与分配权重之积为本项量化评价值。

6.2 窗口服务满意率指标

6.2.1 通过现场评价、回访评价、第三方调查评价等方式取得服务对象评价满意率。

6.2.2 可依据工作实际分配适当权重，评价满意率与分配权重之积为本项量化评价值。

6.3 异常办理指标

6.3.1 异常办理指标主要分为：

a) 不受理异常。以下属于不受理异常范围：

1) 窗口无人受理申请事项；

2) 对申请材料齐全且符合法定形式的申请事项，窗口人员不予受理；

3) 对申请材料不齐全或不符合法定形式的，窗口人员不予当场指正或出具《补正材料通知书》。

b) 办理异常。以下属于办理异常范围：

1) 窗口未按 GB/T 32169.3 规程办理；

2) 窗口办理已经取消的事项和环节；

3) 窗口办理已经下放的事项；

4) 窗口办理法律法规明确禁止事项或未授权事项。

c) 不予办理异常。已经受理的事项，窗口无正当理由暂停办理或不予办理，属于不予办理异常。

d) 公开异常。以下属于公开异常范围：

1) 窗口未按 GB/T 32169.3 要求公开进驻事项清单；

2) 窗口未按 GB/T 32169.3 要求公开办理过程；

3) 窗口未按 GB/T 32169.3 要求公开办理结果。

e) 收费异常。以下属于收费异常范围：

1) 窗口人员未按 GB/T 32169.3 的规定收费；

2) 窗口办理已经取消的收费事项；

3) 窗口擅自提高收费标准；

4) 窗口增设收费项目；

5) 窗口无依据擅自减免收费金额。

f) 送达异常。窗口人员未按 GB/T 32169.3 的规定向申请人送达证照、批准文件，或送达期限超过法定时间，属于送达异常。

6.3.2 出现异常办理，应扣减窗口的量化评价值。

6.3.3 扣减处理方式如下：

a) 可按件分别为各类异常办理指标分配适当扣减分值，其与各类异常办理发生的实际件数之积即为应扣减的量化评价值；

b) 或以各类异常办理件数占办结总数的比率为因数，其与所分配的扣减权重之积即为应扣减的量化评价值。

6.4 投诉处理指标

6.4.1 主要由投诉率和投诉处理满意率构成。

6.4.2 可结合实际分配给投诉率适当权重，扣减量化评价值。

6.4.3 服务对象对投诉处理结果满意的，可适当增加量化评价值，但幅度不应大于扣减的量化评价值。

7 评价程序

7.1 明确评价目的

实施评价前，应明确每一次评价要达到的目的、要解决的问题或要实现的目标。

7.2 制定评价方案

7.2.1 可参照 GB/T 24421.4—2009 中 4.2.1.4 的要求，结合中心实际情况制定。

7.2.2 窗口服务评价方案应明确评价指标、方式方法及工作计划等事宜。

7.3 获取评价材料

7.3.1 获取渠道

可通过以下渠道获取窗口服务评价材料：

a) 采取与服务对象面对面交流，服务对象对窗口实施办件评议，或事后回访等方式，获取服务评价信息；

b) 应按照 GB/T 32169.1 的要求建立电子监察系统，其中的服务信息和监察信息可作为窗口服务评价的材料；

c) 从服务对象中聘请特邀监督员，可采取定期回访、集中开会等方式取得评价信息；

d) 建立窗口互评、网上测评、手机短信平台、固定电话、第三方调查等其他信息采集渠道。

7.3.2 材料内容

窗口服务评价材料主要有：

a) 现场评价记录；

b) 办结事项的档案记录；

c) 回访记录；

d) 服务对象投诉及处理记录；

e) 特邀监督员的监督记录；

f) 窗口服务电子监察记录；

g) 其他适合的窗口服务评价材料。

7.3.3 评价样本

应对 7.3.2 中的每类窗口服务评价材料各提取 3 个以上的样本，供评价使用。

7.4 实施评价

7.4.1 材料分析

对获得的窗口服务评价材料进行查阅、核对、分析、研究，确保数据准确，防止出现差错。处理方式应包括：

a) 材料真实完整的，应留下材料获取的关键环节和关键过程的证据资料；

b) 材料存在问题的，应调查核实，并留存相应的证据资料。

7.4.2 定量评价

依据各项评价指标及分析后的评价材料为每个项目计算得分，根据各个项目得分计算出总成绩。

7.4.3 定性评价

依据总成绩和窗口的日常表现，对窗口服务做出直观的定性结论。

7.4.4 形成评价报告

对窗口服务评价材料进行汇总分析，形成窗口服务评价报告。报告应包含以下内容：

a) 应说明窗口服务评价的时间、范围和评价过程中发现的事实，客观指出窗口服务工作中存在的问题；

b) 应客观给出窗口服务评价结论；

c) 对窗口服务工作中存在的问题提出整改建议，分情况提供纠正措施和预防措施的方法，明确整改落实措施、期限等。

8 改进提高

8.1 改进要求

8.1.1 应明确相关责任人，按照评价报告提出的改进目标、措施、时限等整改建议改进窗口服务。

8.1.2 应对窗口服务评价的方法、指标、程序等评价要素进行改进，确保其合理性和实用性。

8.1.3 应建立改进跟踪复查机制，实时公开和反馈复查验证信息。

8.1.4 应建立长效机制，防止已经改进的事项发生反弹。

8.2 全面总结

8.2.1 应对窗口服务评价及改进工作全面总结，总结报告向窗口、服务对象和相关人员公开。

8.2.2 应对下一步窗口服务和评价工作提出新的方向和更高目标，确保窗口服务评价持续改进和窗口服务质量持续提高。

ICS 01.040.03
A 12

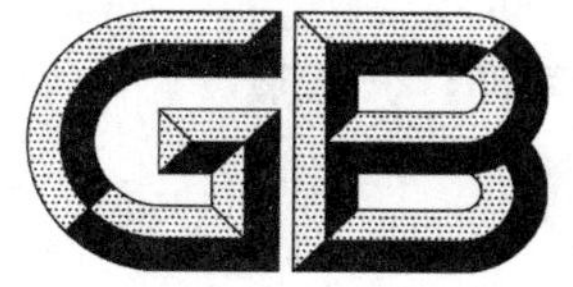

中华人民共和国国家标准

GB/T 36112—2018

政务服务中心服务现场管理规范

Specification for service site management of administrative service centre

2018-03-15 发布　　　　2018-07-01 实施

中华人民共和国国家质量监督检验检疫总局
中国国家标准化管理委员会　发布

前言

本标准按照 GB/T 1.1—2009 给出的规则起草。

本标准由全国政务大厅服务标准化工作组(SAC/SWG 15)提出并归口。

本标准起草单位:宁波市行政服务中心、奉化区行政服务中心、郎溪县人民政府政务服务中心、深圳政务服务管理办公室、新泰市政务服务中心管理办公室、慈溪市行政服务中心、吉林省人民政府政务公开协调办公室、香港现场管理学会。

本标准主要起草人:王美萍、洪萍、王霄翔、董任伟、缪赟、王卓民、马连启、吴立明、徐彩晶、张奕敏。

政务服务中心服务现场管理规范

1 范围

本标准规定了政务服务中心(以下简称中心)服务现场管理的管理主体和职责、人员服务管理、空间管理、秩序管理、物品管理、设施设备管理、文档管理以及监督考核的要求。

本标准适用于中心服务现场管理工作。

2 规范性引用文件

下列文件对于本文件的应用是必不可少的。凡是注日期的引用文件,仅注日期的版本适用于本文件。凡是不注日期的引用文件,其最新版本(包括所有的修改单)适用于本文件。

GB/T 2893.1 图形符号 安全色和安全标志 第1部分:安全标志和安全标记的设计原则

GB 2894 安全标志及其使用导则

GB/T 10001.1 公共信息图形符号 第1部分:通用符号

GB/T 10001.9 标志用公共信息图形符号 第9部分:无障碍设施符号

GB/T 32169.1 政务服务中心运行规范 第1部分:基本要求

GB/T 32169.2 政务服务中心运行规范 第2部分:进驻要求

GB/T 32169.3 政务服务中心运行规范 第3部分:窗口服务提供要求

3 术语和定义

GB/T 32169.1、GB/T 32169.2 界定的以及下列术语和定义适用于本文件。

3.1

服务现场 service site

为服务对象直接提供咨询、办事等服务的场所。

3.2

服务提供者 service provider

在服务现场提供服务的工作人员,包括但不限于窗口人员、咨询引导人员以及保安、保洁等其他服务人员。

3.3

空间管理 space management

根据服务需求,对服务现场空间功能区的划分、标识和维护。

3.4

物品管理 object management

对服务现场日常公共物品、办公物品、私人物品和遗失物品的定位摆放和保管。

4 管理主体和职责

4.1 中心应明确相应的工作机构负责服务现场的管理工作,承担统筹协调的职责,履行工作推进、现场指导、监督检查的职能。

4.2 进驻部门应指定窗口服务现场管理负责人,明确工作范围、内容和职责。

4.3 服务提供者应对各自服务现场承担管理责任。

5 人员服务管理

5.1 仪容仪表

服务提供者应符合以下要求:

a) 仪容整洁、讲究卫生;

b) 仪表端庄大方,且:

  1) 在岗期间,按中心要求统一着装或按本行业要求规范着装;

  2) 亮牌上岗,明示姓名、职务、工作岗位等信息。

5.2 举止行为

5.2.1 基本要求

应符合 GB/T 32169.3 中的相关要求。

5.2.2 迎送

5.2.2.1 服务开始时应主动问候,并微笑示意引导。

5.2.2.2 服务完成时应主动向服务对象递交受理回执、证照批文等资料,并告知相关注意事项,微笑告别。

5.2.3 解答

5.2.3.1 应认真倾听,准确了解服务对象需求,并积极回应。

5.2.3.2 对能解答的问题,应耐心完整解答;对不能即时解答的问题,应耐心说明原因或主动联系有关人员处置。

5.2.4 办理

5.2.4.1 文档资料宜双手接收或递送。

5.2.4.2 符合受理条件的事项,应告知办理时限和取件方式;不符合受理条件的事项,应一次性告知补正内容。

5.2.4.3 非本窗口受理的事项,应告知该事项具体受理服务区域。

5.2.4.4 服务对象如需复印、拍照、快递等服务的,应告知相关服务的具体位置。

5.2.4.5 服务提供过程中如遇其他咨询,应示意咨询者稍候,至当前服务结束后再予以解答;如遇电话,应示意服务对象后接听。

5.3 服务用语

应符合 GB/T 32169.3 中相关及以下要求:

a) 窗口服务时应使用“您好”“请稍等”“请出示 XXX 文件(资料)”“让您久等了”“谢谢”“再见”等礼貌用语。

b) 接听电话时:

  1) 通话开始时应问候“您好”,然后自报部门或单位;

2) 电话交谈应简明扼要，避免占线时间过长；

3) 通话结束时应礼貌道别；

4) 通话时如遇其他咨询，应示意咨询者稍等；如遇其他来电未能接听的，应及时回拨。

c) 与服务对象交流时：

1) 语调应热情、温和；

2) 语速和音量应适中，以服务对象能听清楚而又不影响周围人办事为宜。

6 空间管理

6.1 划分要求

6.1.1 按以下原则进行服务现场空间划分：

a) 服务功能相对集中；

b) 内部办公和外部服务宜适度分离、相互对应和方便服务。

6.1.2 服务现场应形成以下功能区：

a) 窗口服务区；

b) 咨询服务区；

c) 自助服务区；

d) 信息公开区；

e) 其他功能区：如会议室、休憩等候区、卫生间等。

6.2 管理要求

6.2.1 空间标志

6.2.1.1 公共标志的风格应和谐统一，定位应精确直观，指示应简洁清晰，公共信息图形符号应满足 GB/T 10001.1、GB/T 10001.9 的要求。

6.2.1.2 安全标志的使用应符合 GB/T 2893.1 和 GB 2894 的要求，包括但不限于：

a) 禁止标志，如："禁止吸烟""禁止倚靠"等；

b) 警告标志，如："注意安全""当心触电"等；

c) 提示标志，如："紧急出口""应急电话"等。

6.2.1.3 宜在醒目位置张贴空间及物品定位平面图（参见附录 A 中图 A.1～图 A.4）和可视化照片等标志。

6.2.1.4 设施设备及物品的摆放，宜用图表、照片等标志记予以显示。

6.2.1.5 临时性标志应统一设计、制作和使用。

6.2.1.6 破损、过期、失效的标志应及时更换或撤除。

6.2.2 空间维护

6.2.2.1 服务场所应采光充足，温湿度适宜，保持通风。

6.2.2.2 中心工作机构应确定专人负责各功能区的日常维护保养。

6.2.2.3 窗口服务区应由窗口人员负责日常清洁，其他区域应由保洁人员负责日常清洁。

7 秩序管理

7.1 管理内容

服务现场管理的秩序包括：

a） 日常秩序：
   1） 取号秩序；
   2） 等候秩序；
   3） 办理秩序；
   4） 其他服务秩序等。
b） 应急秩序。

7.2 管理要求

7.2.1 日常秩序

7.2.1.1 应按服务对象流量合理配备安保力量，并建立日常巡查制度。

7.2.1.2 如遇服务对象数量剧增或秩序不可控时，应增配安保力量或求助警力。

7.2.1.3 应根据窗口布局定位配置取号机，引导服务对象有序取号。

7.2.1.4 窗口人员应按序或按叫号顺序逐一提供服务。

7.2.1.5 对等候事项办理的服务对象，应引导其在一米线外排队等候，或引导至等候休憩区等待。

7.2.1.6 如遇烦躁、情绪激动和特殊服务对象，应及时安抚和引导。

7.2.1.7 应主动做好现场其他服务对象的引导，确保有序流动。

7.2.2 应急秩序

应在突发事件应急预案中明确应急状态下的现场秩序维护要求，包括组织机构、实施人员、工作机制以及相应程序和要求。

8 物品管理

8.1 管理内容

服务现场管理的物品包括：

a） 日常公共物品；
b） 办公物品；
c） 私人物品；
d） 遗失物品。

8.2 管理要求

8.2.1 日常公共物品

8.2.1.1 应定位摆放，规范整齐，清洁卫生，配置数量满足日常公共服务需要。

8.2.1.2 被移动或消耗的物品，应专人负责及时归位或增添。

8.2.2 办公物品

8.2.2.1 应按使用频率定位摆放，合理设置存放数量（参见附录 B 中表 B.1）和添置周期。

8.2.2.2 服务过程中产生的临时、散乱或被移动的物品，应在离岗之前或工作日结束之后归位。

8.2.3 私人物品

8.2.3.1 应存放于个人储物柜或抽屉内，不应出现在公众视线之内。

8.2.3.2 存放私人物品的储物柜或抽屉应合理分类，整洁有序。

8.2.3.3 存放处应有标签，宜配锁。

8.2.4 遗失物品

8.2.4.1 应建立登记认领制度，明确遗失物品登记、保存、认领、注销等处置要求。

8.2.4.2 遗失物品应分类、定位寄放于服务咨询台或认领处。

8.2.4.3 对重要的遗失物品宜采用厅内广播等形式进行公告。

9 设施设备管理

9.1 管理内容

服务现场管理的设施设备包括但不限于：

a) 服务设施：等候休息座椅、母婴专用设施、填表桌台、意见评议箱等；
b) 无障碍设施：无障碍通道、专用卫生设施、轮椅等；
c) 绿化设施：绿植、盆栽等；
d) 服务设备：显示屏、自助服务机、饮水机等；
e) 办公设备：办公桌椅、计算机、身份证读取器、打印机、电话机、扫描仪等；
f) 保障设备：监控系统、广播系统等；
g) 应急设备：急救药箱、警戒隔离线、消防器材等。

9.2 管理要求

9.2.1 同类设施设备色彩型号宜统一。

9.2.2 定位布局应合理，便于服务办理、日常办公和检查维护。

9.2.3 应定期开展设施设备检查维护，确保功能正常，包括但不限于：

a) 每日服务结束，对中心设施设备进行检查，发现问题及时处理；
b) 配合相关部门开展年度设备抽查、检验工作，若存在问题及时整改后复查。

9.2.4 服务提供者应对本人使用的设施设备进行日常检查，发现问题及时联系中心维护人员处理。

10 文档管理

10.1 管理内容

服务现场管理的文档包括：

a) 业务资料：
   1) 申报材料：服务对象根据办理事项要求提供的纸质、电子介质等；
   2) 证照批文：职能部门办理的各类具有法律效力的证书、批文(含空白件)等；
   3) 表格单据：职能部门在实施政务服务和日常服务过程中形成的各类表格单据。
b) 文件资料：上级或有关部门发送至本单位的各类纸质或电子介质的公文、资料。
c) 宣传资料：日常服务中提供的服务指南、办件样表、公告通知等。

10.2 管理要求

10.2.1 整理

10.2.1.1 应对现场文档及时整理，做到一事一归整。

10.2.1.2 应定期对纸质和电子文档进行整理，及时清理无用文档。

10.2.2 存放

10.2.2.1 应分类定位放置于资料柜(架)、抽屉、文件盒等,摆放整齐,标识明晰,并附存放总表。

10.2.2.2 具有法律效力的证书、批文以及服务对象信息资料入柜后应上锁。

10.2.2.3 以电子形式保存的文档:

a) 应及时备份;

b) 不应存于计算机系统盘内;

c) 所在文件夹应结构合理,层级清晰;

d) 相关数据应及时归集到指定的政务服务平台。

10.2.2.4 文件盒、文件夹、资料架等应无积尘、无污渍、无破损。

10.2.3 流转

10.2.3.1 申报材料应及时流转,按环节在流转表单上签署责任人,确保环节不缺失,过程可追溯。

10.2.3.2 其他业务资料流转时,应完成交接确认,形成并保留流转记录。

10.2.4 归档

10.2.4.1 在履行职能和实施政务服务过程中形成、需保存的各种文字、图表以及特种载体等不同形式的记录和文档,应由专用档案室保存或移交档案管理机构。

10.2.4.2 归档资料应分类定位存放于档案盒中。

10.2.4.3 重要归档资料应存放于档案室,一般归档资料应存放于档案架上。

10.2.4.4 档案盒、档案架应统一标识与编号。

10.2.4.5 归档资料的放置与标识应按档案管理相关要求进行。

11 监督考核

11.1 服务现场管理工作纳入中心考核体系。

11.2 工作机构应对中心服务现场管理进行日常监督检查。

11.3 监督、检查、考核宜留取照片或影像等可视化记录。

11.4 检查结果应及时反馈至进驻部门和服务提供者,督促其持续改进,提升现场管理满意度。

附　录　A
（资料性附录）
空间平面示意图

A.1　窗口设施摆放平面示意图

窗口设施摆放平面示意图见图 A.1。

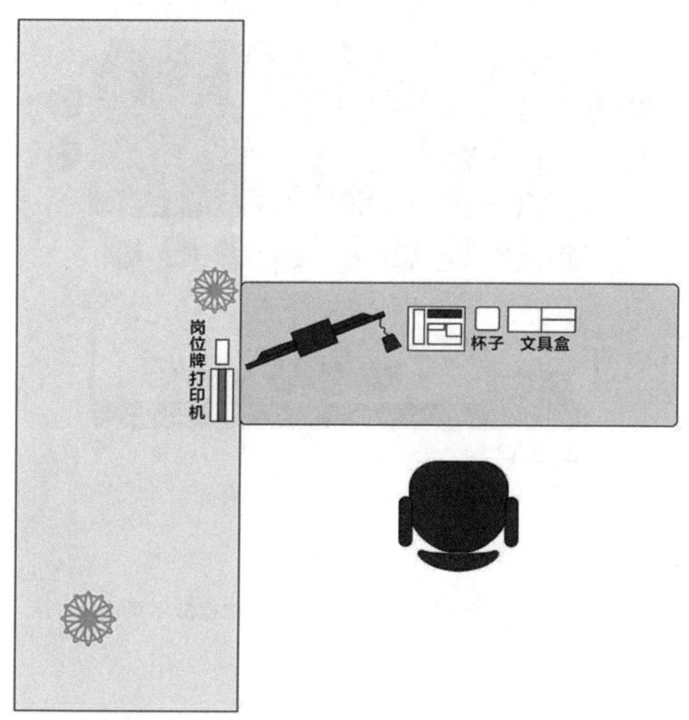

注：该示意图应张贴在对应服务窗口，并作为日常检查考核依据。

图 A.1　政务服务中心窗口设施摆放示意图

A.2 会议室设施摆放平面图示例

会议室设施摆放平面图示例见图 A.2。

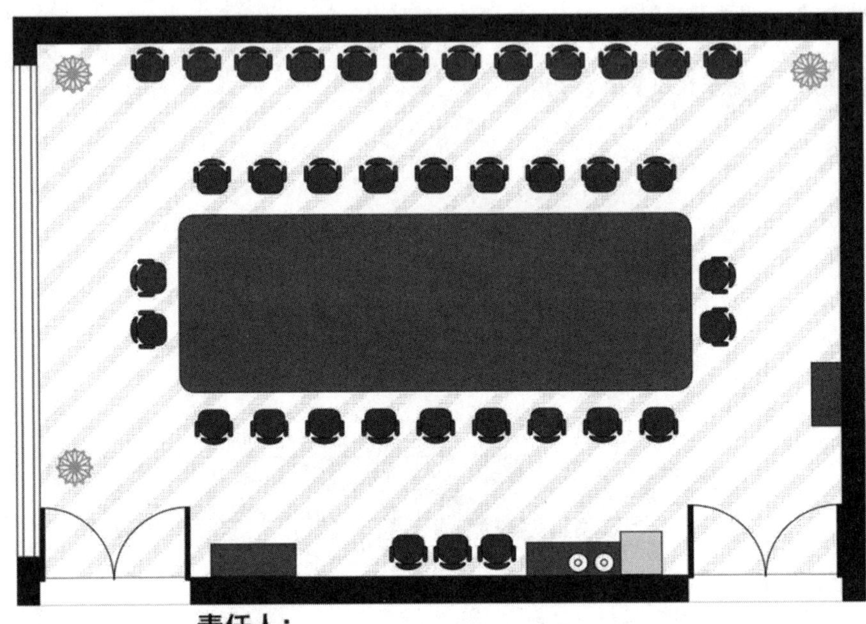

注：该示意图应张贴在相应区域内，并作为日常检查考核依据。

图 A.2 政务服务中心会议室设施摆放示意图

A.3 协调室设施摆放平面图示例

协调室设施摆放平面图示例见图 A.3。

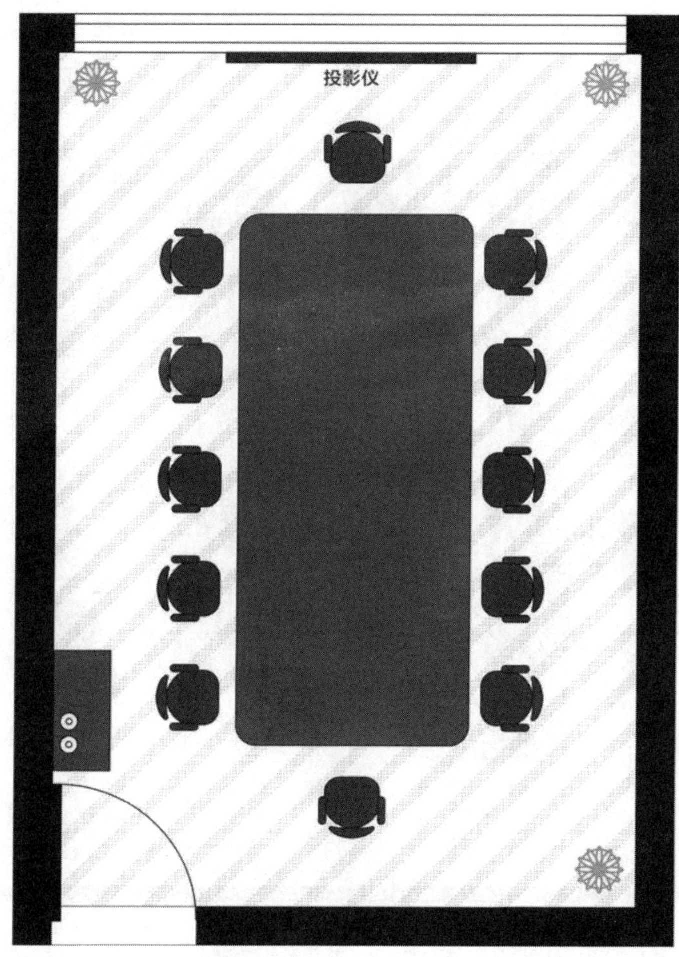

注：该示意图应张贴在相应区域内，并作为日常检查考核依据。

图 A.3 政务服务中心项目协调室设施摆放示意图

A.4 等候区设施摆放平面图示例

等候区设施摆放平面图示例见图 A.4。

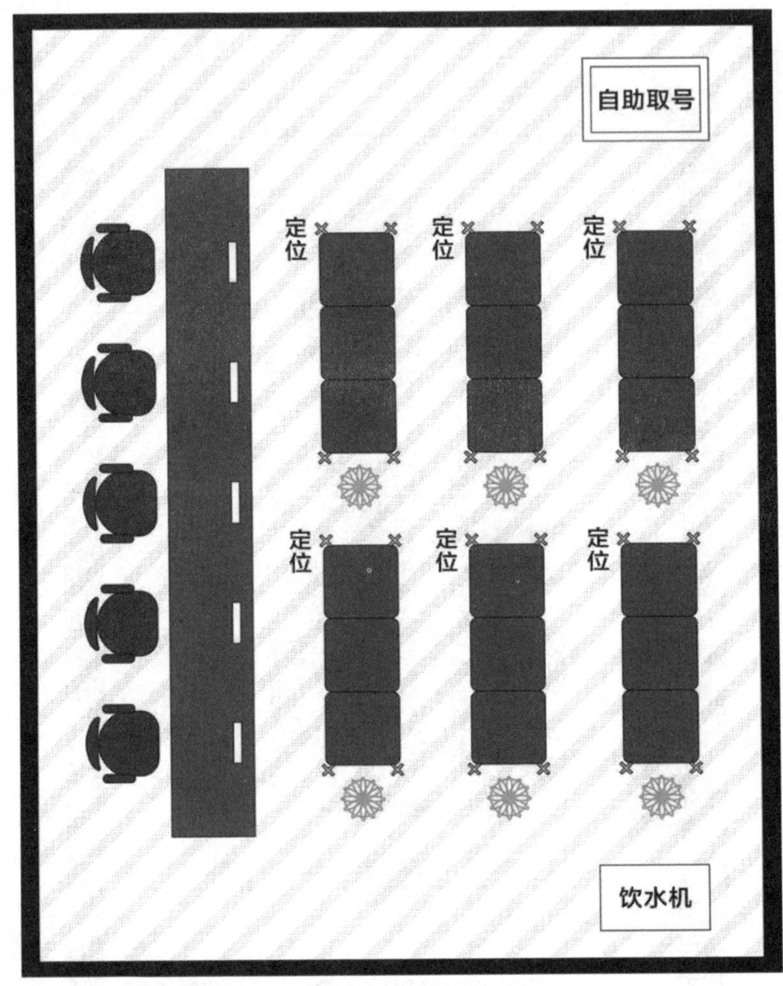

注：该示意图应张贴在相应区域内，并作为日常检查考核依据。

图 A.4 政务服务中心等候区设施摆放示意图

附 录 B
（资料性附录）
办公物品存放数量表

办公物品存放数量表示例见表 B.1。

表 B.1 政务服务中心办公物品存放数量表

办公室文具存放标准	
物品种类	数量
黑色水笔	2 支
圆珠笔	2 支
铅笔	2 支
剪刀	1 把
回形针	1 盒
燕尾夹	10 只
起钉器	1 个
便签纸	1 本
胶水	1 支
窗口文具存放标准	
物品种类	数量
黑色水笔	2 支
圆珠笔	2 支
铅笔	2 支
剪刀	1 把
回形针	1 盒
燕尾夹	20 只
起钉器	1 个
便签纸	1 本
胶水	1 支
注：该表作为办公物品配备和存放标准，并作为日常检查考核依据。	

ICS 01.040.03
A 12

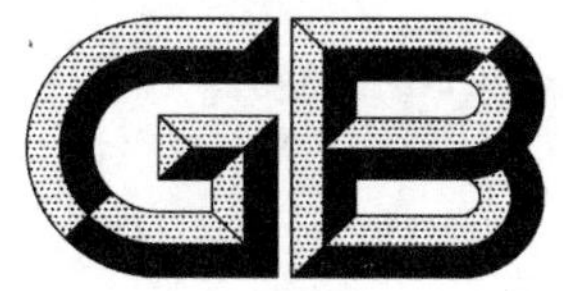

中华人民共和国国家标准

GB/T 36113—2018

政务服务中心服务投诉处置规范

Specification for complaint-handling of administrative service centre

2018-03-15 发布 2018-07-01 实施

中华人民共和国国家质量监督检验检疫总局
中国国家标准化管理委员会 发布

前　言

本标准按照 GB/T 1.1—2009 给出的规则起草。

本标准由全国政务大厅服务标准化工作组(SAC/SWG 15)提出并归口。

本标准起草单位:江苏省南通市行政审批局、山东省济南市政务服务管理办公室、福建省龙岩市政务服务中心、江苏省南通市质量技术监督局、山东省新泰市政务服务中心管理办公室、广东行政学院、安徽工匠质量标准研究院有限公司。

本标准主要起草人:王一明、陈金辉、王晶、吴佩杰、李绥州、张伟、陈敢、徐建锋、王晓晖、涂峰、管昊昱、郭鑫、徐田忠、翁永进。

政务服务中心服务投诉处置规范

1 范围

本标准规定了政务服务中心(以下简称“中心”)的服务投诉处置原则、处置机构及人员、投诉方式和渠道、处置程序以及处置结果运用。

本标准适用于中心服务投诉处置工作。

2 规范性引用文件

下列文件对于本文件的应用是必不可少的。凡是注日期的引用文件,仅注日期的版本适用于本文件。凡是不注日期的引用文件,其最新版本(包括所有的修改单)适用于本文件。

GB/T 32169.1—2015 政务服务中心运行规范 第1部分:基本要求

GB/T 32169.3—2015 政务服务中心运行规范 第3部分:窗口服务提供要求

GB/T 32169.4—2015 政务服务中心运行规范 第4部分:窗口服务评价要求

GB/T 32170.1—2015 政务服务中心标准化工作指南 第1部分:基本要求

3 术语和定义

GB/T 32169.1—2015、GB/T 32169.3—2015、GB/T 32169.4—2015 和 GB/T 32170.1—2015 界定的以及下列术语和定义适用于本文件。

3.1

投诉 complaint

服务对象对事项办理和日常管理不满意向中心表达诉求的行为。

3.2

投诉处置人 complaint-handling staff

代表中心负责受理、调查、处理投诉的人员。

4 处置原则

投诉处置遵循以下原则:

a) 合理合法;
b) 公平公正;
c) 尊重事实;
d) 快速响应;
e) 及时反馈。

5 处置机构及人员

5.1 机构

5.1.1 中心应明确相应的内设机构负责投诉处置工作。

5.1.2 内设机构应明确处置岗位及职责，并配置投诉处置人，建立投诉处置工作机制、流程，制定相应管理制度。

5.2 人员

5.2.1 投诉处置人应具体负责中心的日常投诉处置工作。

5.2.2 投诉处置人应客观公正、耐心细致，有较强的沟通协调能力，应准确把握政策法规，熟悉工作内容、履行岗位职责。

6 投诉方式和渠道

6.1 投诉方式

应包括但不限于：

a) 现场投诉；

b) 电话投诉；

c) 信函投诉；

d) 网上投诉。

6.2 投诉渠道

应公开投诉处置的接待场所、意见箱、电话号码、网址、电子邮箱以及信函邮寄地址等，确保渠道畅通有效、便捷可及。

7 处置程序

7.1 投诉受理

7.1.1 受理范围

属于本级中心所辖权限的均应受理，以下情形除外：

a) 投诉人不是合法权益被侵害的本人或利害关系人的；

b) 已经或者依法应当通过诉讼、仲裁、行政复议、信访等法定途径解决的；

c) 投诉内容不具体或没有明确的投诉对象，无法处置的；

d) 投诉人未能提供联系方式或在规定时限内无法提供必要证据的。

7.1.2 受理要求

7.1.2.1 投诉处置人受理时应态度诚恳，主动稳定投诉人的情绪，认真倾听诉求。

7.1.2.2 现场投诉：投诉处置人接到投诉后，应在5分钟内到达现场，主动亮明身份，能够现场沟通化解的，及时处置，并做好事后记录；不能够现场沟通化解的，应将投诉人引导至投诉处置场所。

7.1.2.3 电话投诉：投诉处置人应主动向投诉人表明身份，详细了解投诉人的基本信息和诉求。

7.1.2.4 意见箱、信函及网络渠道等投诉：投诉处置人每个工作日应检查是否有投诉，并在1个工作日内主动回应投诉人。

7.1.2.5 对不予受理的投诉事项，应告知投诉人不予受理的理由；对不属于本级政务服务中心管辖的，同时告知其管辖部门。

7.1.2.6 受理时应做好投诉记录，其要素包括但不限于：投诉人的姓名、地址、联系电话，投诉对象、投诉时间、投诉方式，诉求、事实和证据等。

7.2 投诉调查

7.2.1 受理后，投诉处置人应及时向被投诉人了解情况，督促被投诉人主动配合。

7.2.2 投诉人与被投诉人所反映内容不一致时，投诉处置人应调查或调阅音视频等资料，分析研判，查清事实。

7.2.3 经调查，投诉的具体内容与实际情况不符的，视为无效投诉。

7.3 投诉处置

7.3.1 事实清楚或情由简单的现场投诉，应当场处置办结。

7.3.2 事实清楚或情由简单的非现场投诉，应在接到投诉后 1 个工作日内处置办结。

7.3.3 事实不清或情由复杂需要进一步调查的投诉，应在接到投诉后 3 个工作日内处置办结。

7.3.4 情由特别复杂的投诉，经分管领导批准可适当延长办理时限，延长时限不超过 2 个工作日。

7.3.5 投诉处置人应明确告知投诉人处置时限，延长办理时限的还应告知延长时限和理由。

7.3.6 投诉处置中，发现被投诉人涉嫌违法违纪的，按规定移交相关部门。

7.4 投诉处置流程图

投诉处置流程参见附录 A 的图 A.1。

7.5 意见反馈

7.5.1 投诉处置人应将处置意见及时向投诉人与被投诉人反馈。

7.5.2 听取双方对处置结果的意见：

a) 对投诉处置结果满意的，处置办结；

b) 对投诉处置结果不满意的，提供救济途径。

7.6 资料归档

投诉处置人将相关材料按照规定要求整理归档。

8 处置结果运用

8.1 投诉处置结果应通报相关单位，并作为相关考核的重要依据。

8.2 中心应定期统计、分析投诉处置结果，不断改进政务服务工作。

附 录 A
（资料性附录）
投诉处置流程图

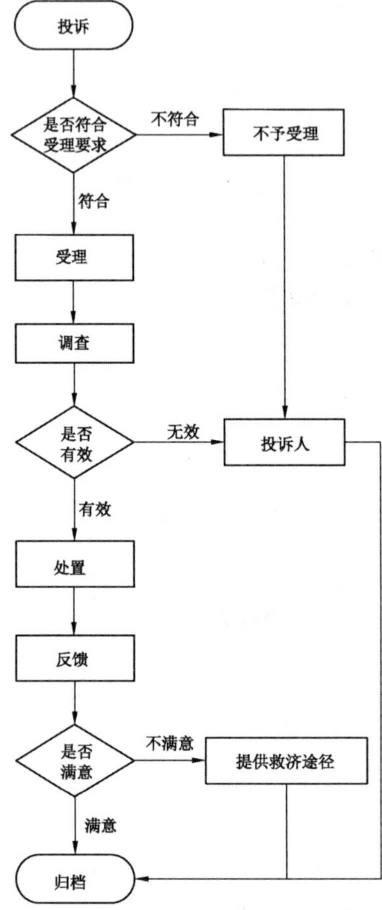

图 A.1 投诉处置流程图

ICS 01.040.03
A 12

中华人民共和国国家标准

GB/T 36114—2018

政务服务中心进驻事项服务指南编制规范

Specifications for service items guideline of administrative service centre

2018-03-15 发布　　2018-07-01 实施

中华人民共和国国家质量监督检验检疫总局
中国国家标准化管理委员会　发布

前 言

本标准按照 GB/T 1.1—2009 给出的规则起草。

本标准由全国政务大厅服务标准化工作组(SAC/SWG 15)提出并归口。

本标准起草单位:福建省厦门市标准化研究院、福建省厦门市行政服务中心管理委员会、山东省新泰市政务服务中心管理办公室、山东省德州市政务服务中心管理办公室、福建省龙岩市行政服务中心管理委员会、天津市滨海新区行政审批局、天津市卫生和计划生育委员会、海南省人民政府政务服务中心、安徽工匠质量标准研究院有限公司。

本标准主要起草人:李振良、洪丽君、王少武、徐西延、蔡婧、张铁军、黄爱勤、田伟、张琼寒、宋涛、王遵锐、姚旭东。

政务服务中心进驻事项服务指南编制规范

1 范围

本标准规定了政务服务中心(以下简称“中心”)进驻事项服务指南编制的编制职责、指南编制和管理。

本标准适用于各级中心进驻事项服务指南的编制和管理。

2 规范性引用文件

下列文件对于本文件的应用是必不可少的。凡是注日期的引用文件,仅注日期的版本适用于本文件。凡是不注日期的引用文件,其最新版本(包括所有的修改单)适用于本文件。

GB/T 32168—2015 政务服务中心网上服务规范

GB/T 32169.2—2015 政务服务中心运行规范 第2部分:进驻要求

GB/T 32170.1—2005 政务服务中心标准化工作指南 第1部分:基本要求

GB/T 32170.2—2015 政务服务中心标准化工作指南 第2部分:标准体系

3 术语和定义

GB/T 32168—2015、GB/T 32169.2—2015、GB/T 32170.1—2015 和 GB/T 32170.2—2015 界定的以及下列术语和定义适用于本文件。

3.1

政务服务中心 administrative service centre

行政服务中心

地方各级人民政府设立的,集中办理本级政府权限范围内的行政许可、行政给付、行政确认、行政征收以及其他服务项目的综合性管理服务机构。

[GB/T 32170.1,定义 3.1]

3.2

进驻部门 government department stationed

进驻政务服务中心,为自然人、法人和其他组织提供行政许可、行政给付、行政确认、行政征收以及其他服务项目的政府部门和相关服务单位。

[GB/T 32170.2,定义 3.2]

3.3

事项 item

进驻政务服务中心办理的行政许可、行政确认、行政给付、行政征收及其他服务项目。

[GB/T 32170.2,定义 3.3]

3.4

服务指南 guideline for service

为服务对象申办相关事项提供指引,明确事项办理要求的规范性文件。

4 编制职责

4.1 中心负责组织、协调、指导服务指南的编制、公开、实施和监督检查等工作。

4.2 进驻部门应就进驻事项编制服务指南，涉外服务事项可增加双语标注或印制外语版本，并对服务指南内容的合法性、真实性、准确性、完整性负责。

5 指南编制

5.1 编制原则

指南的编制应遵循合法合规、简明实用、通俗易懂、公开透明的原则。

5.2 要素设置

5.2.1 指南的要素应按附录 A 的规定设置和排序，其中可选要素可根据具体进驻事项的实际情况选择。

5.2.2 指南的编制示例参见附录 B。

5.3 编制程序

5.3.1 指南的初稿由进驻部门负责起草，并向社会公众征求意见。

5.3.2 中心会同相关部门对服务指南进行审定后正式公开实施。

6 指南管理

6.1 指南公开

6.1.1 指南应编制完整版，可根据实际情况编制简版。

6.1.2 指南完整版应置于政务服务网站的显著位置，供服务对象查阅、下载。

6.1.3 指南完整版可支持手机 APP、二维码等方式快速浏览和查询。

6.1.4 指南简版宜印制纸质活页、宣传折页，按要求定位摆放、方便索取，并及时补充。

6.2 指南修订

指南的编制机构应根据法律法规和相关政策变动、社会公众意见、服务指南实施情况，按照 5.3 的规定进行修订。

附 录 A
(规范性附录)
服务指南的要素设置及编写要求

服务指南的要素设置及编写要求见表 A.1。

表 A.1 服务指南的要素设置及编写要求

框架	序号	要素名称	表述要求	类型
封面	1	服务指南编号	根据相关文件编号规则进行编号管理	可选
	2	事项名称	应与公布实施的事项名称一致	必备
	3	发布日期	用于说明该版本服务指南的发布时间,格式为 yyyy-mm-dd	必备
	4	实施日期	用于说明该版本服务指南的实施时间,格式为 yyyy-mm-dd	必备
	5	发布机构	指公布的具体进驻事项的实施机构	必备
正文	6	正文标题	与事项名称一致	可选
	7	事项编码	按照相关编码规则统一赋码	必备
	8	适用范围	明确该服务指南所涉及的内容以及所适用的对象	必备
	9	事项类别	按照进驻事项的性质,包括但不限于: ——行政许可; ——行政确认; ——行政征收; ——行政给付; ——其他服务	必备
	10	设立依据	事项设立的法律、法规、规章和相关政策等规定,注明详细出处	必备
	11	受理机构	受理该事项的具体机构名称	必备
	12	决定机构	决定该事项的具体机构名称	必备
	13	办理条件	应注明相关法律法规所规定的申请人需具备的条件;如有数量限制的,句末注明“有数量限制”,并写明具体限制情况;如无注明,默认为“无数量限制”;如有明确不予办理的情形,应注明	必备
	14	申办材料	依法依规列出办理该事项所需的全部材料目录,不应有模糊性表述和兜底性条款,包括但不限于: ——材料名称; ——性质:原件/复印件,复印件是否需要加盖公章或核验原件等; ——数量; ——介质:纸质或电子材料; ——对材料的特殊格式要求	必备

表 A.1（续）

框架	序号	要素名称	表述要求	类型
正文	15	办理方式	窗口办理、网上办理、网上预审后窗口办理	必备
	16	办理流程	根据事项办理的有关规定，逐条列出从申请到办结全过程必经的程序和环节，内容应详细、真实。运用简单的文字、连线和具有确定含义的符号绘制直观清晰的流程图	必备
	17	办理时限	法定时限：法律规定办结该事项所需的时间；承诺时限：承诺办结该事项所需的时间	必备
	18	收费依据及标准	应注明收费（税）的法定依据，标明收费（税）项目及标准。无需收费（税）的，应注明“无”或“不收费（税）”	必备
	19	结果送达	明确送达时限以及送达方式。当场能够做出决定的，应注明“当场送达”	必备
	20	行政救济途径与方式	行政许可事项应列出服务对象的行政救济权利，包括行政复议和行政诉讼，其他应列出法律救济的部门名称、地点、联系方式等相关信息	必备
	21	咨询方式	列明电话咨询、网上咨询等途径	必备
	22	监督投诉渠道	列明现场监督投诉、电话监督投诉、网上监督投诉等途径	必备
	23	办理地址和时间	事项办理的具体地址（可提示乘车路线）、窗口位置及对外服务时间，时间格式为周×—周×，上午：hh：mm—hh：mm 下午：hh：mm—hh：mm	必备
	24	办理进程和结果查询	应注明事项办理进程和结果的查询方式和途径	必备
附录	25	申请表单及其填写说明	参见附录 B	必备
	26	示范文本	参见附录 B	必备
	27	常见错误示例	参见附录 B	可选
	28	常见问题解答	参见附录 B	可选

附 录 B
（资料性附录）
服务指南的编制示例

FWZN-××××-××××/××

特种设备使用登记（电梯）
服 务 指 南

201×-××-××发布　　　　201×-××-××实施

××市质量技术监督局　　发 布

特种设备使用登记(电梯)服务指南

一、事项编码

00-568401747-A-05-04-00

二、适用范围

特种设备(电梯)的使用单位,含自然人、法人和其他组织。

三、事项类别

行政许可

四、设立依据

《中华人民共和国特种设备安全法》(中华人民共和国主席令第四号);《特种设备安全监察条例》(国务院令第549号);《电梯使用管理与维护保养规则》(TSG T5001—2009);《特种设备注册登记与使用管理规则》(质技监局锅发〔2001〕57号)。

五、受理机构

××市特种设备检验检测院

六、决定机构

××市质量技术监督局

七、办理条件

(一) 准予批准的条件:

1. 特种设备的使用单位具有合法的身份(自然人出示身份证,法人和其他组织出示登记证件);

2. 特种设备由取得许可单位设计、制造、安装,并经监督检验安全性能符合安全技术规范的要求;

3. 使用单位有与特种设备使用相适应的管理人员、技术人员、持证的特种设备作业人员;

4. 有维护保养能力,或者与专业维护保养单位建立了合同关系,能够及时对特种设备进行维护保养;

5. 使用单位建立了各项管理制度、应急处理措施,并能有效运转;

6. 使用单位建立了特种设备安全技术档案;

7. 使用单位能够保证特种设备使用符合特种设备安全技术规范的基本要求。

(二) 不予批准的情形:

1. 特种设备的使用单位不具有合法的身份;

2. 特种设备经检验不符合安全技术规范的要求。

(三) 其他需要说明的情形:

无审批数量限制。

八、申办材料

申请人把下列申请资料(文件、物品)送交办理窗口:

序号	提交材料名称	原件/复印件	份数	纸质/电子版	特定要求
1	《特种设备使用登记申请表》	原件	2	纸质	需加盖使用单位公章,一式二份,一份存档
2	《机电类特种设备注册登记表》	原件	2	纸质	需要加盖使用单位公章,一式二份,一份存档
3	安装监督检验报告	原件	1	纸质	原件核验,不存档
…	……	……	……	……	……

九、办理方式

(一) 窗口受理:直接到××行政服务中心××楼××厅××号窗口提交申请材料。特种设备使用单位或其委托代理人填写《特种设备使用登记申请表》和《机电类特种设备注册登记表》,向登记机关提出申请,并带齐本办法规定的相应资料一并提交。

(二) 网上申报:进入××质监局综合业务系统(http://www.××××××.×××)或×××网上办事大厅(http://www.××××××.×××)进行网上申报,经××市质监局网上预审并通过初审后,将纸质材料送到××行政服务中心××楼××厅××号窗口提交申请。

十、办理流程

(一) 流程图

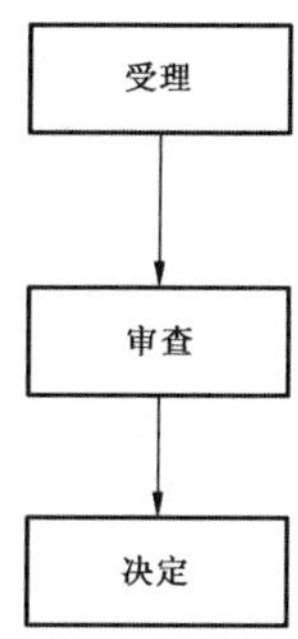

(二) 办理程序

特种设备使用登记包括受理、审查、决定程序:

1. 受理

登记机关对申请材料进行审查,能当场予以确认的,应当场出具受理通知书;数量较多不能当场确认的,自收到申请材料之日起五个工作日内作出是否受理的决定;不符合规定的,向申请单位出具不予受理通知书。

2. 审查

登记机关依据审批材料进行审查,履行审批程序;符合条件的,打印《特种设备使用登记发证审批表》报上级审批。不符合条件的,不予办理使用登记,并书面说明理由。

3. 决定

颁发《特种设备使用登记证》。

十一、办理时限

（一）法定时限

自受理之日起 20 个工作日×24 小时内。

（二）承诺时限

自受理之日起 7 个工作日×24 小时内。

十二、收费依据及标准

（一）收费项目

无

（二）收费依据

无

（三）收费标准

无

十三、结果送达

自受理之日起 7 个工作日×24 小时内经由现场取件或邮寄方式送达。

十四、行政救济途径与方式

（一）申请人在申请行政审批过程中，依法享有陈述权、申辩权；

（二）申请人的行政许可申请被驳回的有权要求说明理由；

（三）申请人不服行政许可决定的，有权依法申请行政复议或者提起行政诉讼。

十五、咨询方式

（一）现场咨询

××行政服务中心××楼××厅××号××市质监局窗口

（二）电话咨询

××××-××××××××

（三）网上咨询

http://www.××××××.×××

十六、监督投诉渠道

（一）现场监督投诉

××行政服务中心××楼××厅××号××市质监局窗口

（二）电话监督投诉

1. 窗口：××××-××××××××

2. ××行政服务中心总投诉台电话：××××-××××××××

（三）网上监督投诉

http://www.××××××.×××

十七、办理地址和时间

地址：××市××区××路××号，××行政服务中心××楼××厅××号××市质监局窗口

时间：周一至周五　上午　9:00-12:00　下午 13:00-17:00

十八、办理进程和结果查询

（一）办理进程查询方式

1. 现场查询

××行政服务中心×楼大厅电子公告显示屏

2. 电话查询

××××-×××××××

3. 网上查询

http://www.××××××.×××

（二）结果公开查询方式

1. 现场查询

××行政服务中心×楼大厅电子公告显示屏

2. 电话查询

××××-×××××××

3. 网上查询

http://www.××××××.×××

表 1　特种设备使用登记申请表

<table>
<tr><td>使用单位</td><td colspan="4"></td><td colspan="2">统一社会信用代码</td><td></td></tr>
<tr><td>法人代表</td><td colspan="2"></td><td>联系电话</td><td></td><td colspan="2">邮政编码</td><td></td></tr>
<tr><td rowspan="5">安全管理
部门</td><td>部门全称</td><td colspan="4"></td><td>传　　真</td><td></td></tr>
<tr><td>详细地址</td><td colspan="6"></td></tr>
<tr><td>所在区</td><td colspan="3"></td><td>所在街道(镇)</td><td colspan="2"></td></tr>
<tr><td>主管负责人</td><td></td><td>移动电话</td><td colspan="2"></td><td>联系电话</td><td></td></tr>
<tr><td>联系人/经办人</td><td></td><td>移动电话</td><td colspan="2"></td><td>联系电话</td><td></td></tr>
</table>

序号	设备型号 (或名称)	型号参数	单位内部 编号	出厂编号	出厂日期	投用日期	安装单位

申请单位申明:本单位保证该申请所填写的共______台设备填报内容真实、完整。

使用单位:(盖章)

年　月　日

说明:1. 本表由使用单位按设备逐台填写,并在声明栏使用单位处盖公章;如属自然人情况则在"使用单位"栏填上姓名,在"统一社会信用代码"栏填身份证号码,声明栏由其本人签名。

2. 使用单位地址:应填写使用单位的详细地址,应填写到××路××号或××镇××村××组。

3. 设备较多时可另附表并加盖公章。

4. 除填写本申请表外,使用单位应逐台设备填写注册登记表(卡)。

表 2　特种设备使用登记申请表(填写示范文本)

<table>
<tr><td>使用单位</td><td colspan="3">×××××××××公司</td><td colspan="2">统一社会信用代码</td><td>123456789</td></tr>
<tr><td>法人代表</td><td>×××</td><td>联系电话</td><td>××××-×××××××</td><td colspan="2">邮政编码</td><td>××××××</td></tr>
<tr><td rowspan="5">安全管理部门</td><td>部门全称</td><td colspan="3">××部</td><td>传　真</td><td>××××-×××××××</td></tr>
<tr><td>详细地址</td><td colspan="5">××市××区××路××号</td></tr>
<tr><td>所在区</td><td colspan="2">××区</td><td>所在街道(镇)</td><td colspan="2">××街道</td></tr>
<tr><td>主管负责人</td><td>×××</td><td>移动电话</td><td>13×××××××××</td><td>联系电话</td><td>××××××</td></tr>
<tr><td>联系人/经办人</td><td>×××</td><td>移动电话</td><td>13×××××××××</td><td>联系电话</td><td>××××××</td></tr>
</table>

序号	设备型号(或名称)	型号参数	单位内部编号	出厂编号	出厂日期	投用日期	安装单位
1	蒸汽锅炉	WNS3-1.0-Y.Q	××号	×××	2009-01-01	2010-02-01	××××锅炉安装公司
2							
3							

申请单位申明:本单位保证该申请所填写的共 1 台设备填报内容真实、完整。

使用单位:(盖章)

20××年 ××月 ××日

说明:

1. 本表由使用单位按设备逐台填写,并在声明栏使用单位处盖公章;如属自然人情况则在"使用单位"栏填上姓名,在"统一社会信用代码"栏填身份证号码,声明栏由其本人签名。
2. 使用单位地址:应填写使用单位的详细地址,应填写到××路××号或××镇××村××组。
3. 设备较多时可另附表并加盖公章。
4. 除填写本申请表外,使用单位应逐台设备填写注册登记表(卡)。

常见错误示例

1.《特种设备变更登记申请表》未加盖公章，未按要求提供一式两份文件。

2. 未按要求与维修保养单位签订维修保养合同或是制造企业未对新增特种设备提供免费维修保养的证明文件。

3. 安装监督检验报只提供复印件，未提供原件核验。

……

常见问题解答

1. 问：一般多长时间可以办完审批手续？

答：承诺5个工作日办完。

2. 问：收费标准及依据是什么？

答：办理此事项不用收费。

3. 问：特种设备使用登记证件遗失该如何处理？

答：需要补证，流程如下：

1) 填写《特种设备使用登记证补证申请表》(需要加盖使用单位公章，一份存档)；
2) 使用单位工商营业执照复印件并加盖使用单位公章，如属自然人需提供身份证复印件并经本人签名，一份存档)；
3) 发表遗失声明在当地纸质媒体予以公告(整张报纸，勿裁剪，公告内容包括持证使用单位名称、证书颁发机关及证书名称、设备注册代码等)；
4) 有效期内的特种设备定期检验报告；
5) 《特种设备作业人员证》(需要加盖使用单位公章的复印件一份存档)；
6) 使用安全管理制度；
7) 特种设备补证申请委托书；
8) 经办人身份证原件及复印件(一份)。

……

参 考 文 献

[1] 国务院审改办 国家标准委《关于推进行政许可标准化的通知》(审改办发〔2016〕4号)

[2] 国务院办公厅《关于印发“互联网+政务服务”技术体系建设指南的通知》(国办函〔2016〕108号)

ICS 01.040.03
A 12

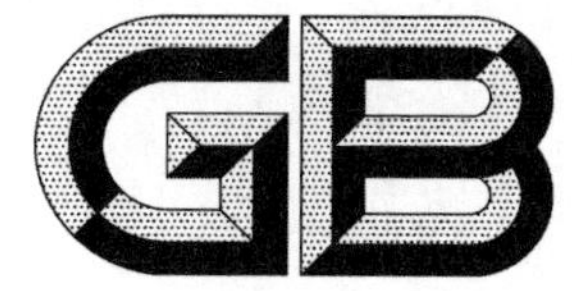

中华人民共和国国家标准

GB/T 37277—2018

审批服务便民化工作指南

Guide for facilitation of administrative approval and service

2018-12-28 发布　　2019-04-01 实施

国家市场监督管理总局
中国国家标准化管理委员会　发布

前　言

本标准按照 GB/T 1.1—2009 给出的规则起草。

本标准由全国行政审批标准化工作组(SAC/SWG 14)提出并归口。

本标准起草单位:浙江省市场监督管理局、中国标准化研究院、浙江省最多跑一次改革办公室、浙江省标准化研究院、浙江省标准化协会、衢州市行政服务中心管理办公室、台州市行政服务中心、湖北省标准化与质量研究院、广东省标准化研究院、南京市栖霞区尧化街道办事处、上海市质量和标准化研究院、新泰市政务服务中心管理办公室、天津市标准化研究院、南通市行政审批局。

本标准主要起草人:张欢、刘辉、巫小波、郭林将、陈自力、袁琼、张英姿、徐剑、丁凡、刘燕、李敏、马娜、孙彩英。

引　言

为落实党中央、国务院转变政府职能、深化简政放权的要求，近年来，各地方政府为提高审批服务效率，增强群众获得感进行了许多有益的尝试与探索，涌现出浙江“最多跑一次”、江苏“不见面审批”、上海优化营商环境、佛山“一门式一网式”、武汉“马上办网上办一次办”、天津市滨海新区“一枚印章管审批”等一批典型的实践做法。

为落实中共中央办公厅、国务院办公厅《关于深入推进审批服务便民化的指导意见》的要求，全国行政审批标准化工作组归纳提炼了各地审批服务改革好的经验和做法，经过广泛调研和深入论证，起草了本标准。

审批服务便民化工作指南

1 范围

本标准提供了审批服务便民化的接收事项范围、基础工作、告知服务、网上服务、现场服务、监督检查与评价等。

本标准适用于实施开展依申请办理行政审批和公共服务事项的便民化服务工作。

2 规范性引用文件

下列文件对于本文件的应用是必不可少的。凡是注日期的引用文件，仅注日期的版本适用于本文件。凡是不注日期的引用文件，其最新版本(包括所有的修改单)适用于本文件。

GB/T 21061 国家电子政务网络技术和运行管理规范

GB/T 32168 政务服务中心网上服务规范

GB/T 32169.1 政务服务中心运行规范 第1部分:基本要求

GB/T 32169.2 政务服务中心运行规范 第2部分:进驻要求

GB/T 32169.3 政务服务中心运行规范 第3部分:窗口服务提供要求

GB/T 36112 政务服务中心服务现场管理规范

GB/T 36114 政务服务中心进驻事项服务指南编制规范

3 术语和定义

下列术语和定义适用于本文件。

3.1

审批服务 administrative approval and service

政府部门及其授权或委托的其他组织行使依申请办理的行政审批和公共服务事项过程中提供的服务活动。

3.2

最多跑一次 one time at most procedure

自然人、法人和非法人组织在申请材料齐全、符合法定形式前提下，向行政机关申请办理一件事从提出申请到收到办理结果全程只需一次上门或者零次上门的情况。

注1:“一件事”是指一个办事事项或者可以一次性提交申请材料的相关联的多个办事事项。

注2:服务对象以完整办成“一件事”为原则，运用场景主题事项、办事事项生命周期等方法打通部门界限，形成组合事项。

3.3

全程网办 fully online procedure

通过网络或第三方辅助服务形式完成的从提出申请到收到办理结果的全过程。

注:办理的内容包括身份核验、信息共享手段网上提交申报材料、加盖电子签章、签发电子证照、快递上门取送纸质材料等。

3.4

马上办　finish on the spot

即办

审批程序简便，申请材料齐全、符合法定形式的待办事项，当场受理当场办结。

3.5

就近办　locally examination and approval

自然人、法人和非法人组织申请办理事项，可通过自助终端和所在地的乡镇(街道)、村(社区)办理。

4　接收事项范围

审批服务便民化接收事项范围包括：

——依申请办理的行政权力事项；

注1：需要由自然人、法人或者其他组织申请办理以及直接面向社会公众提供的行政权力事项，如行政许可、行政征收、行政给付、行政确认、行政奖励、行政裁决及其他行政权力事项。

——依申请办理的公共服务事项。

注2：服务对象提交办事申请，政府部门及其授权或委托的其他组织提供服务的事项。

5　基础工作

5.1　事项目录

5.1.1　建立审批服务便民化事项清单，并实行动态管理，及时更新调整清单内容。

5.1.2　审批服务事项便民化清单统一格式，可按照同一个事项主项名称、子项名称、适用依据、事项类型、事项编码、适用依据、申请材料、办事流程、业务经办流程、收费标准、办理时限等要素编制。

5.2　指南编制

5.2.1　根据GB/T 36114要求，对每件事项编制服务指南完整版和简版，注明申请材料示范文本、常见问题解答、常见错误示例等，服务窗口可仅提供简版，同时注明完整版的查询途径和获取方式。

5.2.2　对每件事项根据办理情形制定细化量化的受理审查标准，明确每件事项申请材料的审查形式、审查要点、常见问题和错误示例等。

5.3　流程优化

5.3.1　按照减环节、减次数、减材料、减时限、减费用的要求优化办理流程，编制简明易懂的办理流程图。马上办事项流程宜整合受理和审查环节；承诺时限事项流程宜同步进行现场踏勘和程序性审查；共同审批事项流程宜实行一窗受理、按责转办、并联审批、结果互认。

5.3.2　固定资产投资项目宜将立项前需分别编制的可行性报告、节能评估报告、社会稳定风险评估报告合并，在完成区域评估基础上，明确投资、能耗、环境、建设等标准，并按标准进行管理；对工程建设项目宜将节能评估、环境影响评价、安全条件审查等实行统一评估，施工设计图审查宜与规划设计条件审查、建设工程消防设计审核、人防工程设计审查、建设项目安全设施设计审查等实施联合审查；工程建设项目竣工验收宜实行联合验收，统一测绘、统一竣工验收图纸，统一出具验收意见。

5.3.3　对优化后流程的合法性、合理性进行审查，如有重大调整，宜通过公开征求意见或专家认证等方式予以确认。

5.3.4　申请材料中确需保留的证明事项，宜有证明材料，且征求业务主管部门意见，并向社会公开，列明设定依据、索要证明单位、开具证明单位等。

5.3.5 下列材料予以取消：

——没有法律、行政法规、国务院决定、部门规章、地方性法规依据的申报材料。

——模糊条款。如“其他材料”“相关证明”“……等材料”等不明确表示。

——可以被其他申报材料涵盖或替代的申报材料。申报材料与其他材料功能相似、内容重叠，或者可以与其他材料相互包含、相互认证的。

——本系统已发放证照或批准文件的材料。

——无谓证明。如“遗失证明”“补办证明”“资信证明”“注册资金证明”等。

——各类不合法不合理的公证材料。法律法规没有明确要求必须公证的申报材料。

——可通过“告知＋承诺”方式替代的申报材料。事前难以核实真实性，而通过事中事后监管能够纠正且不会产生严重后果的申报材料。

——无法证实其真实有效性的申报材料。

——与所办理事项没有直接关系的申报材料。

5.4 窗口设置

5.4.1 根据办事事项领域、办理流程关联度、办理数量和频次等要素设置如下窗口：

——设立投资项目审批、商事登记、社会事务、公安服务、税务服务、不动产交易登记、人力社保事务、公积金服务等领域综合受理窗口；

——部分办理量大、办理频次高与其他事项无关联度的即办件或受理专业性强的事项，设立专业窗口；

——年办件量少、与其他事项关联度低或季节性办理的其他事项，设立其他综合事务窗口；

——设立综合出件窗口，办理结果文件由出件窗口统一出件。

5.4.2 因场地条件限制等原因无法整合进驻政务服务中心的分中心或部门办事大厅，将受理系统纳入政务服务平台，实现办理过程和结果统一监督，条件成熟后可进驻政务服务中心。

5.4.3 依托窗口系统对接、数据共享、受理标准化等方法，扩大窗口办理事项的内容和范围，宜从同部门、同领域办事窗口向跨部门、跨领域“无差别全科”窗口受理模式升级，实现窗口材料收取、受理初审、咨询服务的全科化。

注：无差别全科受理是指政务服务中心任一窗口均能受理全部办事事项。

5.5 系统建设

5.5.1 建设事项受理系统，网上申报接入统一的政务服务平台，满足但不限于以下要求：

——实现政务服务平台“一次登录、全网通办”；

——支持共同审批事项由牵头窗口统一受理，分类转送，同步办理，统一出件。

5.5.2 建立电子监察系统，实现事项办理全过程跟踪查询。

5.5.3 建立法人和自然人全生命周期信息库。

5.5.4 建立电子证照库，提供电子证照的生成、管理、共享服务，实现办理过程中的证照管理、真实性鉴别、信息共享功能。

5.5.5 建立电子档案库，实现办理材料电子化归档、管理、查阅。

5.5.6 使用网上公共支付平台，方便服务对象网上缴费。

5.5.7 保证用户隐私及信息安全，系统、运行维护等符合 GB/T 21061 中的规定。

5.5.8 建立与政务服务平台相对应的移动应用端、自助终端和官方公众号，拓展办理渠道。

5.5.9 利用官方公众号、政务微博，提供服务事项、服务指南和投诉反馈服务。

5.5.10 政务服务平台实现网上预约、网上申请、在线办理、实时查询、民意互动、网上评价等功能，符合 GB/T 32168 的要求。

5.6 数据共享

5.6.1 明确每一事项所需办事材料的共享来源(自行提供、外部共享、内部共享)、共享条件、数据类型、共享方式、更新周期等,建立数据共享目录清单。

5.6.2 搭建数据共享平台,实现不同业务专网之间、不同办事系统之间数据共享调用与实时数据推送对接,减少服务对象办事所需填写的表单、材料。

5.7 联动服务

5.7.1 建立部门间协作配合机制,涉及多部门、多环节的事项实行并联审批、联合审查、联合勘察、联合监管。

5.7.2 建立省、市、县(市、区)、乡镇(街道)、村(社区)五级便民服务体系,实现就近能办、异地可办。

5.7.3 依托银行、邮政等服务机构设置自助服务终端,实现审批申报、办事预约、证照打印等功能,并逐步拓展自助服务事项范围。

5.7.4 宜开展帮(代)办服务,为服务对象提供帮(代)办服务。交通不便、居住分散等地区,宜建立社区(村、居)服务站点代办服务。

6 告知服务

6.1 整合各类非应急的咨询投诉举报热线,设立实时畅通的统一电话咨询平台。

6.2 在政务服务平台设立网上咨询功能,可通过移动应用端和官方公众号及时回复服务对象的咨询。

6.3 在服务现场设置咨询导办台,对服务对象做出清晰明确答复,并提供相关事项的服务网址、服务指南及其他需要查询的相关服务内容。

6.4 建立以服务指南要素为核心的统一咨询解答知识库,对服务对象的咨询一次性做出明确答复;当场不能答复的,告知服务对象答复时间及其他咨询途径。

6.5 宜主动告知服务对象法定受理条件、申请材料清单、申请材料的办理途径和来源等。

7 网上服务

7.1 基本要求

网上政务服务的基本原则、服务提供、服务保障等符合 GB/T 32168 的要求。

7.2 网上预约

7.2.1 通过移动终端等渠道提供办事预约,选择预约窗口和事项、日期和时间段,预约申请成功后应给予成功提示。

7.2.2 提供预约控制功能,设置办事事项最大预约数。在预约时间段前和时段内,可取消预约。

7.2.3 同一审批服务事项一个有效证件只能预约一次,办理完成或者取消预约后可再进行预约。

7.3 网上申请

7.3.1 服务对象登录政务服务平台后,平台自动关联服务对象的用户信息,引导服务对象完善填写其他信息,上传申请材料。

7.3.2 给予申请提交是否成功提示。

7.4 网上预审

依法需要现场办理的审批服务事项，通过网上预审功能查看服务对象提交的相关信息和材料，受理结果、查询方式等以信息化方式及时推送给服务对象：

——材料符合办理条件时，以短信等通知申请人携带或快递原件材料到现场办理；

——材料不符合条件时，以短信等通知申请人网上补正材料。

7.5 网上办理

7.5.1 全流程网上办理的事项，可通过快递送达或在线下载打印提供办理结果文件。

7.5.2 需核验材料的事项，通知服务对象携带原件材料到综合受理窗口进行核验。

7.5.3 需现场勘察的事项，通知服务对象准备好相关材料，并配合现场勘察。

8 现场服务

8.1 基本要求

政务服务中心设置自助办理区、导服咨询区、等候区、综合受理区、后台办理区等办事专区，按照GB/T 36112、GB/T 32169.1、GB/T 32169.2、GB/T 32169.3 的要求配置设备、管理现场、开展服务。

8.2 导办预审

8.2.1 提供路线引导、业务咨询、爱心通道、协助取号等导办服务。

8.2.2 提供特殊语言咨询服务。

8.2.3 提供材料预审工作，根据情况分别采取以下措施：

——材料齐全、符合法定形式的，帮助指导服务对象取号办理；

——材料不全、不符合相关要求的，指导服务对象完善或更正申请材料。

8.3 综合受理

8.3.1 根据 GB/T 32169.3 要求开展受理申请。

8.3.2 以审批服务便民化为导向，推行综合受理服务，最大限度减少服务对象办事多头跑动。

8.3.3 法定受理权属于审批部门的，审批部门采取授权委托的形式，将审批服务事项受理权委托政务服务中心综合受理窗口行使。

8.3.4 政务服务中心宜开展无差别全科受理服务，对现场提交的申请材料完整性进行审查，并在受理平台录入信息，出具受理通知，受理通知注明窗口序号、所收材料、受理人员、所需时限、取件方式等，马上办事项可不出具受理通知。

8.3.5 服务对象通过政务服务平台上传的或通过邮寄等方式提交的申请材料预受理通过后，综合受理窗口对邮寄提交的申请材料，及时录入受理平台进行分发，受理结果、查询方式等以信息化方式及时推送给服务对象。

8.3.6 在办件量大、办事频次高且紧密关系民生的领域，宜开展延时服务。

8.3.7 实行告知承诺的行政审批事项，收到申请后，综合受理窗口当通过告知承诺书向申请人告知下列内容：

——行政审批事项所依据的主要法律、法规、规章的名称和条款；

——准予行政审批应当具备的条件、标准和技术要求；

——需要申请人提交承诺材料的名称、方式和期限；

——申请人作出承诺的法律效力，以及逾期不作出承诺、作出不实承诺和违反承诺的法律后果。

8.4 后台审批

8.4.1 由综合受理窗口转交的受理材料，审批部门及时对受理材料的合法性、规范性进行审核，并在规定时限内依法作出处理决定。

8.4.2 需多个部门开展联合办理的事项，各审批部门在收到材料后同步开展事项办理，并在规定时限内办结。

8.4.3 及时公开各阶段办理信息，可通过短信、移动端等告知服务对象事项办理结果。

8.5 统一出件

8.5.1 服务对象现场自取时，由审批部门将办理结果文书或证件转交出件窗口统一出件，出件窗口核对后发放办理结果文书或证件，并按要求办理交接签收。出件窗口在送达办理结果文书或证件成功后，及时与审批部门反馈送达结果情况。

8.5.2 服务对象需快递送达，由出件窗口或审批部门委托快递企业寄递送达并登记送达状况。

8.5.3 可通过电子签章技术，向服务对象出具电子文书、电子证照并提供网上验证渠道。

8.6 结果公开

及时公开办事情况，可通过移动应用端和官方公众号告知服务对象。

9 监督检查与评价

9.1 监督检查

9.1.1 可采取定期或不定期的抽样检查、抽点检查、定点检查等方式以及现场巡查、电子监察相结合的多种方式。

9.1.2 宜建立以信用承诺、信息公示为特点的监管模式，开展市场主体信用信息归集、共享和应用，与政府审批服务、监管处罚等工作衔接。

9.1.3 建立跨省市监管协作工作机制、跨区域违法行为监管协作工作机制。违法行为协查、违法线索及案件移送实现全程电子化，案件从录入到归档形成完整闭环。

9.1.4 建立便民度审查机制，确定审查指标，开展便民度测评。审查内容主要包括：

——事项目录、指南编制、流程优化、窗口设置、系统建设、联动服务等落实情况；

——咨询导办、一窗受理、后台审批等现场服务情况；

——网上咨询、网上申请、网上办理、实时查询等网上服务情况；

——标识标志、功能区划、服务物品、服务礼仪、安全管理等服务大厅现场管理情况。

9.1.5 建立“最多跑一次”“全程网办”“马上办”“就近办”事项审查细则，对事项完成情况进行审查。

9.1.6 建立督办机制，对流程优化、办事进程、环节衔接等方面进行统一督办。

9.1.7 根据监督检查结果，实施纠正或预防措施，提高服务对象满意程度。

9.2 评价

9.2.1 可采用自我评价或委托具有相关能力的第三方评价等方式对政务服务大厅和政务服务平台开展评价，宜每年度进行一次评价，并向社会公布。

9.2.2 评价的主要内容：

——对政务服务大厅的评价，可参照 GB/T 32169.4 中的相关规定执行。

——对政务服务平台的评价，可参照《“互联网＋政务服务”技术体系建设指南》中的相关规定执行。

参考文献

[1] GB/T 32169.4 政务服务中心运行规范 第4部分:窗口服务评价要求
[2] 行政许可标准化指引(2016)版
[3] 中华人民共和国行政许可法(中华人民共和国主席令 第七号)
[4] 中华人民共和国行政处罚法(中华人民共和国主席令 第六十三号)
[5] 中华人民共和国行政强制法(中华人民共和国主席令 第四十九号)
[6] 中华人民共和国电子签名法(中华人民共和国主席令 第十八号)
[7] 中华人民共和国档案法实施办法(国家档案局令 第5号)
[8] 政务信息资源共享管理暂行办法(国发〔2016〕51号)
[9] 关于深入推进审批服务便民化的指导意见
[10] 国务院关于加快推进全国一体化在线政务服务平台建设的指导意见(国发〔2018〕27号)
[11] 进一步深化"互联网+政务服务"推进政务服务"一网、一门、一次"改革实施方案(国办发〔2018〕45号)
[12] "互联网+政务服务"技术体系建设指南(国办函〔2016〕108号)